ArcGIS 空间分析应用实验教程

张天海 著

东南大学出版社
·南京·

内 容 简 介

本书介绍了 ArcGIS 以下技术要点的具体操作方法：GIS 数据输入及处理、栅格编辑、地理配准、投影转换、栅格计算、重分类、距离分析、空间插值、缓冲区分析、叠加分析、专题地图制作、矢量数据创建（土地利用提取等）、栅格分析、栅格矢量互转、ArcCatalog 数据管理等。

全书内容不作大篇幅的理论说明和概念解释，而着眼于空间分析、地图制图、数据处理中常用急用的技术知识，配套视频等教程中将单节软件操作控制在 3~5 分钟完成演示，以使学生或相关工作人员用最少的时间掌握急需的 ArcGIS 空间分析和数据处理技能，尽快学会运用 ArcGIS 从事地学和规划等方面的科研工作。

图书在版编目（CIP）数据

ArcGIS 空间分析应用实验教程 / 张天海著. — 南京：东南大学出版社，2025.3. — ISBN 978-7-5766-1736-8

Ⅰ.P208-33

中国国家版本馆 CIP 数据核字第 20255TU555 号

责任编辑：朱震霞　责任校对：子雪莲　封面设计：张天海　责任印制：周荣虎

ArcGIS 空间分析应用实验教程

ArcGIS KONGJIAN FENXI YINGYONG SHIYAN JIAOCHENG

著　　者：张天海
出版发行：东南大学出版社
社　　址：南京市四牌楼 2 号　邮编：210096
出 版 人：白云飞
网　　址：http://www.seupress.com
电子邮箱：press@seupress.com
经　　销：全国各地新华书店
印　　刷：江阴金马印刷有限公司
开　　本：787 mm×1092 mm　1/16
印　　张：13.75
字　　数：330 千
版　　次：2025 年 3 月第 1 版
印　　次：2025 年 3 月第 1 次印刷
书　　号：ISBN 978-7-5766-1736-8
定　　价：85.00 元

本社图书若有印装质量问题，请直接与营销部调换。电话（传真）：025-83791830

前　言

目前，ArcGIS 的应用范围已经十分广泛，包括但不限于地理信息科学、遥感科学与技术、测绘工程、地质学、管理学、环境科学、地质矿产、国土资源、地理测绘、市政工程、城乡规划、交通旅游、水利水电、灾害评估、公共卫生、应急管理、作战指挥等众多领域。

本书的撰写主要定位于实验操作，所述内容基本为常用、实用技术操作和功能演示。为避免内容繁杂冗余，本书无大篇幅的理论说明和概念解释，在配套的部分视频教程中也没有很长的概念和理论讲解。所涉及的软件技术实操内容都是空间分析、地图制图、数据处理中常用、急用的技术知识。本书撰写的主要目的就是让学生或相关工作人员能够用最少的时间掌握急需的 ArcGIS 空间分析和数据处理知识，较快上手 ArcGIS，以便从事地学和规划方面的科研工作。

具体内容方面，从 ArcMap 到 ArcCatalog，从矢量数据到栅格数据，从数据分析到数据编辑，从属性表到统计图，本书主要包含地学从业者日常运用最频繁、最实用的技术。在重要章节操作过程中，作者力求做到言简意赅、简明扼要和高效快捷。所有软件操作都尽量控制在 3~5 分钟之内就演示完毕，力求短平快准、流畅简明，这是本书教学的重要特征，也是有别于其他教材的特色所在。

本书中常用、实用的知识点操作主要有：GIS 数据输入及处理、栅格编辑、地理配准、投影转换、栅格计算、重分类、距离分析、空间插值、缓冲区分析、叠加分析、专题地图制作、矢量数据创建(土地利用提取等)、栅格分析、栅格矢量互转、ArcCatalog 数据管理等。以这些技术要点和功能为例，本书介绍了基本的操作和应用方法。

用短平快的方式让读者高效入门上手，是本书的重要定位、功能和特点。因此，本书没有写得很全面，尽量控制知识体系牵涉面，不求全而求实用；本书不多写理论，主要写软件运用；本书不长篇累牍、事无巨细，只抓要点、明过程、求结果、高效率。因此本书的编写方式比较特别，其中没有大段的理论介绍和解释，更多的是一步一步的纯操作讲解。这种特殊的编写方式完全是为了应对当前时代快节奏的学习、工作,也是为了让读者更便捷、更高效地掌握软件应用并能更快上手。

地理信息系统实用性很强,想操作运用熟练必须更多地动手实践和练习,才能更好地理解概念和理论。本书虽然通篇都侧重于功能介绍和效果实现,但是并非反对读者深入学习和理解理论。相反,读者应当在本书之外,利用业余时间加强对理论和概念的认知和学习,只有实践练习和理论学习相互印证,才能相辅相成、相得益彰。本书内容重实操而轻理论,只是本书作者的编写期望和书籍定位不同而已。从笔者的经验来看,由于时间、精力、知识体系与深度的关系,一书应有侧重才能聚焦并写得比较有特色、有效果。这是读者应当辩证看待理论学习和实操练习的地方。

由于作者水平和编写时间所限,书中错讹在所难免,希望读者不吝指正。

张天海

2025.3

目　录

导论 ·· 001

分析应用实验教程　上篇

第一章　数据的加载和符号化显示 ··· 007
- 第 1 节　数据加载（一） ··· 007
- 第 2 节　数据加载（二） ··· 009
- 第 3 节　地图放大、缩小、平移等 ·· 009
- 第 4 节　文件和内容列表操作 ··· 010
- 第 5 节　数据的符号化显示 ··· 012
- 第 6 节　数据的符号化分级显示（一） ··· 014
- 第 7 节　数据的符号化分级显示（二） ··· 018
- 第 8 节　点要素的分级显示 ··· 020
- 第 9 节　点要素的比例符号显示 ··· 022
- 第 10 节　线要素的分级显示 ··· 024

第二章　地图制图和相关设置 ·· 027
- 第 11 节　专题地图的输出 ··· 027
- 第 12 节　基本的出图方式和设置 ··· 028
- 第 13 节　比例尺、指北针、图例调整 ··· 032
- 第 14 节　地图上的数据标注 ··· 034
- 第 15 节　布局视图的调整 ··· 035
- 第 16 节　地图添加经纬网 ··· 036
- 第 17 节　地图添加图题 ··· 038
- 第 18 节　创建数据排序图 ··· 041

第 19 节	图的设置和调整（一）	043
第 20 节	图的设置和调整（二）	044
第 21 节	地图添加文字注释	047
第 22 节	让文字跟随曲线	049
第 23 节	标注的添加	050
第 24 节	图例的曲线表达	051

第三章　属性表操作与编辑 ········· 053

第 25 节	属性表字段名称的编辑修改	053
第 26 节	属性表字段数据的编辑录入	055
第 27 节	属性表的字段操作（一）	056
第 28 节	属性表的字段操作（二）	059
第 29 节	属性表里添加字段并计算数据	061
第 30 节	属性表中数据排序、选择和导出	063
第 31 节	属性表中按属性选择数据	065
第 32 节	数据导出和处理	067
第 33 节	数据导出和复制粘贴的区别	069
第 34 节	创建数据报表	071

分析应用实验教程　中篇

第四章　矢量数据编辑与属性表 ········· 075

第 35 节	矢量多边形数据的拆分	075
第 36 节	矢量多边形数据的合并	078
第 37 节	属性表数据的编辑	081
第 38 节	线要素数据的创建	082

第五章　数据的选择与查询 ········· 085

第 39 节	选择工具与查询器	085
第 40 节	设置可选与不可选	087
第 41 节	框选之外的选择方式	089
第 42 节	选择菜单中的按位置选择	090
第 43 节	选择菜单中的交互式选择	092
第 44 节	选择菜单中的按图形选择	092
第 45 节	属性表中按属性选择	093
第 46 节	按属性选择中的多条件设置	095
第 47 节	选择工具设置	096
第 48 节	定义查询与查询构建器	098

第六章 矢量数据空间分析 101
- 第49节 相交分析 101
- 第50节 分割提取 105
- 第51节 缓冲区分析 109
- 第52节 相交与定义投影(一) 110
- 第53节 相交与定义投影(二) 114
- 第54节 导入投影系统 117
- 第55节 线要素距离分析(一) 120
- 第56节 线要素距离分析(二) 123
- 第57节 点要素距离分析(一) 128
- 第58节 点要素距离分析(二) 130

分析应用实验教程 下篇

第七章 矢量数据创建与编辑 135
- 第59节 地理配准(一) 135
- 第60节 地理配准(二) 136
- 第61节 投影栅格 138
- 第62节 多边形面的裁剪分离 140
- 第63节 创建多边形面(一) 141
- 第64节 创建线要素(一) 143
- 第65节 创建点要素 145
- 第66节 创建多边形面(二) 146
- 第67节 创建线要素(二) 150
- 第68节 创建要素总结 151
- 第69节 捕捉工具 152
- 第70节 参数化绘图 154
- 第71节 折点的增加、删除和移动 155
- 第72节 多边形面的编辑(一) 157
- 第73节 多边形面的编辑(二) 160
- 第74节 多边形面的编辑(三) 161
- 第75节 线的缓冲 164
- 第76节 标注的添加 165

第八章 栅格数据处理与分析 167
- 第77节 矢量转栅格 167
- 第78节 DEM数据 170
- 第79节 栅格重分类(一) 173

第 80 节　栅格转矢量（一） ……………………………………………………… 175
　第 81 节　栅格重分类与转矢量（二） …………………………………………… 177
　第 82 节　坡度分析 ………………………………………………………………… 179
　第 83 节　坡向分析 ………………………………………………………………… 180
　第 84 节　掩膜提取 ………………………………………………………………… 181
　第 85 节　山体阴影分析 …………………………………………………………… 183
　第 86 节　空间插值 ………………………………………………………………… 184
　第 87 节　插值后掩膜提取 ………………………………………………………… 187

第九章　ArcCatalog 基础操作 …………………………………………………… 188
　第 88 节　新建文件 ………………………………………………………………… 188
　第 89 节　新建和导入要素 ………………………………………………………… 192
　第 90 节　导出文件 ………………………………………………………………… 193
　第 91 节　属性表操作 ……………………………………………………………… 194
　第 92 节　数据的符号化显示 ……………………………………………………… 196
　第 93 节　新建图层组 ……………………………………………………………… 197
　第 94 节　数据的标注 ……………………………………………………………… 198

附　录

参考文献 ……………………………………………………………………………… 203
词汇索引（英汉对照） ……………………………………………………………… 205
常用图标 ……………………………………………………………………………… 209

导　论

　　本书将通过大量的小节简洁地介绍地理信息系统以下应用与研究中常用、实用的知识与技术，以方便读者在工作和学习中能快速上手。如读者所见，本书中对理论和概念的讲解恰如导论部分一样，非常简要。如果读者对书中所述操作过程涉及的理论了解不深，并想学习更多详细的理论知识，则需要参考其他资料和书籍，这是读者使用和学习本书需要注意的地方。

地理信息系统 GIS(Geographic Information System)

　　地理信息系统是一种在计算机软、硬件支持下对地表空间中的有关地理分布数据进行采集(输入)、存储、管理(查询、运算、分析等)、显示和描述的特定空间信息技术系统。同时它也是一门综合学科，结合了地理学、地图学、遥感和计算机科学等学科知识，可以对地理信息(存在的现象、发生的事件、各种地理特征和现象间关系)进行分析和处理(成图等)。

　　地理信息作为一种特殊的信息，来源于地理数据。这些地理数据包含表征地理环境中要素的数量、质量、分布特征及其规律的数字、文字、图像等，并经过符号化表示构成地理信息系统。

　　目前地理信息系统已经在科学、各事业部门、企业和产业等方面得到广泛应用，工作内容包括可持续发展、自然资源、生态环境、景观建筑、防灾减灾、房地产、公共卫生、犯罪地图、考古学、社区规划、运输和物流等。工作领域包括在城市、区域、资源、环境、交通、人口、住房、土地、基础设施和规划管理等领域的应用和研究。

ArcGIS

　　ArcGIS 是美国环境系统研究所(Environment System Research Institute, ESRI)的产品，是世界领先的 GIS 构建和应用平台。ArcGIS 可用于创建各种不同形式的地图，包括可以使用浏览器和移动设备访问的 web 地图，大幅面印刷地图，报告和演示文稿中的地图、地图册、地图集，嵌入应用程序的地图，等等。

ArcGIS操作界面是一个交互式窗口,用户可以通过这个窗口可视化、探索、分析和更新地理信息。通过ArcGIS创建的地图不仅可以显示信息,而且可以用来查找理解模式关系、执行分析、构建模型、可视化、追踪状态、数据输入编译、交流想法、计划和设计以解决具体问题。

ArcMap

ArcMap是ESRI的ArcGIS产品系统中的一个用户桌面组件,是ArcGIS中所使用的主要核心应用程序,具有强大的地图制作、空间分析、空间数据建库等功能,可用于数据输入、编辑、查询、分析等。在ArcMap中,可以显示和浏览研究区域的GIS数据集,可以指定符号,还可以创建用于打印或发布的地图布局。ArcMap将地理信息表示为地图中的图层和其他元素的集合。常见的地图元素包括含有给定范围的地图图层的数据框,以及比例尺、指北针、标题、描述性文本和符号图例等。

对地图的编辑、分析和生成,大部分工作都是在ArcMap中完成的。考虑到日常学习与工作的重点内容,本书着重讲解ArcMap中常用、实用的一些功能应用,如地图制图、地图编辑、地图分析等。

ArcCatalog

和ArcMap一样,ArcCatalog也是ArcGIS桌面应用中最常用的应用程序之一,它是地理数据的资源管理器。ArcCatalog为ArcGIS提供了一个目录窗口,用于组织和管理各类地理信息。通过操作ArcCatalog,用户可以组织、管理和创建GIS数据。可在ArcCatalog中组织和管理的信息类型包括:地理数据库(Geographical Database,GDB)、栅格文件、地图文档、3D scene文档和图层文件等。其中Geodatabase数据模型主要用来实现矢量数据和栅格数据的一体化存储。

ArcCatalog为ArcGIS提供的目录窗口将前述这些内容组织到树视图中,用户可以使用树视图来组织GIS数据集和ArcGIS文档,搜索和查找信息项以及管理信息项。ArcCatalog也允许用户选择GIS信息项,查看所选信息项的属性。

一般地,地图制图、地图编辑、地图分析等是在ArcMap中完成的,而在编辑、分析地理数据前,往往又需要创建和管理GIS数据,这些工作通常都是在ArcCatalog中完成的。因此,对ArcCatalog的操作一般都是在一项工作的开始阶段,但是在本书中,关于ArcCatalog的操作放在了本书的最后一部分,这是读者需要注意的地方。

由于学习、工作中大部分内容都是地理数据分析和地图制图,因此本书中大量章节都是围绕这些内容展开的,而对于ArcCatalog的操作介绍只占了很小的篇幅,这都是跟工作量相关的,也是ArcCatalog的学习内容放在本书最后章节的原因。

ArcToolbox

ArcToolbox提供了极其丰富的地学数据处理工具。使用ArcToolbox中的工具,能够在GIS数据库中建立并集成多种数据格式,进行高级GIS分析、处理GIS数据等;使用Arc-

Toolbox 可以将常用的空间数据格式与 Coverage、Grids、TIN 进行互相转换;在 ArcToolbox 中可进行拓扑处理,可以合并、剪贴、分割图幅,以及使用各种高级的空间分析工具等。

ArcToolbox 是地理数据分析中功能强大且丰富的模块,因此这里有必要对其中重要的工具集做简要的介绍,方便读者查阅了解。

ArcToolbox 部分常用工具集的简要介绍:

(1) 分析工具(Analysis Tools):对于所有类型的矢量数据,分析工具提供了一系列方法实现剪裁、相交、拆分、缓冲区、距离等功能。

(2) 空间分析工具(Spatial Analyst Tools):为栅格(基于像元的)数据和要素(矢量)数据提供了一组类型丰富的空间分析和建模工具。在 GIS 三大数据类型中,栅格数据提供了用于空间分析的最全面的模型环境。主要功能有插值分析、密度分析、距离分析等。

(3) 地统计分析工具(Geostatistical Analyst Tools):提供了使用确定性和地统计方法进行表面建模的功能。利用它可以创建一个连续表面或者地图,用于可视化及分析,并且可以更清晰地了解空间现象。GIS 专业人士可使用这些工具生成插值模型,并在将这些工具用于深入分析之前对其质量进行评估。

(4) 空间统计工具(Spatial Statistics Tools):包含了分析地理要素分布状态的一系列统计工具,这些工具能够实现多种适用于地理数据的统计分析。

(5) 3D 分析工具(3D Analyst Tools):提供了可在表面模型和三维矢量数据上实现各种分析、数据管理和数据转换操作的地理处理工具的集合。使用 3D 分析工具可以创建和修改栅格、Terrain、不规则三角网(TIN)和 LAS 数据集格式表示的表面数据,并从中抽象出相关信息和属性。可将多种格式转换为 3D 数据,包括 COLLADA、激光雷达、SketchUp、OpenFlight 和许多其他数据类型。

(6) 数据管理工具(Data Management Tools):提供了丰富的工具来管理和维护要素类、数据集、数据层以及栅格数据。

(7) 制图工具(Cartography Tools):制图工具与 ArcGIS 中其他大多数工具有着明显的目的性差异,它是根据特定的制图标准来设计的,包含了三种掩膜工具。

(8) 转换工具(Conversion Tools):包含了一系列不同数据格式的转换工具,主要有栅格数据、矢量要素 shapefile、数字高程模型 DEM 以及 CAD 与空间数据库(Geodatabase)的转换等。

最后,为了满足演示各种分析技术的需要,作者会对案例数据进行编辑和处理。读者可能会发现数据前后有别,或不同类型之间存在差异,此处需要说明这一点。

分析应用实验教程 上篇

第一章
数据的加载和符号化显示

第 1 节　数据加载（一）

从这一节开始，我们学习 ArcGIS 软件空间分析和数据处理的运用。

首先打开 ArcMap 软件，打开之后可以看到 ArcMap 的界面。

在界面最上方，可以看到有 ArcMap-ArcInfo 字样。其下面是菜单以及菜单下面常用的一些按钮、工具条。

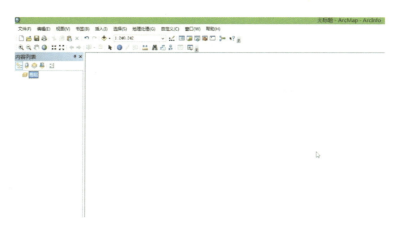

ArcMap 界面

现在还不对菜单工具等做详细介绍，因为这样学习效率会低一些。本书尽量在具体操作中让读者逐渐了解并熟悉菜单中命令和按钮的功能。

数据加载：首先学习如何加载数据，其操作步骤如下：

➢ 在菜单下的常用工具按钮里点击加号图标，当把鼠标放上去的时候，会显示"添加数据"提示，添加数据可以通过这个按钮来实现。

➢ 鼠标左键点击加号图标之后就会弹出一个对话框。

➢ 在这个对话框里可以看到，这是一个数据文件夹，里面有一些数据。当然，读者自己打开的时候，这个地方会显示 ArcGIS 默认的一个文件夹。此时读者需要指定自己经常工作用的文件夹，或者说项目文件夹。操作方式是点击对话框右上角带加号的一个按钮，在右边倒数第三个。

➢ 当把鼠标放上去时，会显示"链接到文件夹"。鼠标左键点击一下之后会弹出新的对话框，提示我们去选择文件夹。

ArcMap 数据加载过程

选择文件夹时，首先要看数据是存储在电脑哪个盘的哪个文件夹里，然后依次点进硬盘目录文件夹去找就可以了，所以读者要清楚自己的数据存储地址。

➢ 进入工作数据文件夹或项目文件夹之后，首先要打开一个数据文件。数据文件有很多类型，具体打开什么类型的文件视工作目的而定，在这里就以 shapefile 要素文件为例（后缀名为".shp"）。shapefile 是一个矢量文件，方便编辑和演示。

➢ 鼠标左键点击选择一个 shapefile 文件，这里示范选的是"boundary.shp"[本书所附电子资源（以下简称"电子资源"）中"行政边界.shp"文件，或者读者自选一个研究区的边界文件]，然后点击对话框右下角的"添加"按钮，就可以看到出现一个文件，它在 ArcMap 界面中的区域大小正好合适，这是 ArcMap 默认的显示。

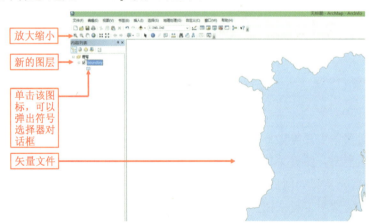

ArcMap 数据加载后的界面显示

如果要对这个文件的大小进行调整,则需要使用放大缩小工具 。数据添加之后,就会在 ArcMap 界面左边内容列表的图层里显示出来,说明它是一个新的图层。

第 2 节　数据加载(二)

这里示范一下另一种数据加载的方式。

打开目录:在视图右侧有一个"目录"按钮,单击它会显示出工作目录(工作空间、项目空间),它包含之前练习用到的所有文件。当把鼠标移开之后,它就又隐藏了。如果要经常用它,可以把它固定起来,单击小图标 ,它具有"自动隐藏"功能,单击之后目录就被锁定在视图右边了。

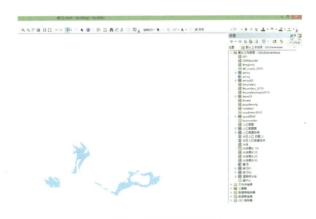

ArcMap 数据加载方式二

自动隐藏:如果觉得这个目录占用太多视图空间,也可以不固定。再点击一下"自动隐藏"这个图标,就又可以隐藏了,此时把鼠标移过去它又出来了,这样自动隐藏可以扩大视图范围。

然后在这个目录中找到需要加载的数据,直接按住鼠标左键拖动到视图中即可加载数据,操作起来非常方便。

第 3 节　地图放大、缩小、平移等

这一节介绍一下视图的缩放和工具条的关闭。

点击菜单下方工具条上的加号按钮 ✚ 来添加文件,首先打开"boundary. shp"文件(电子资源中"行政边界. shp"文件);然后以同样的方式再添加第二个文件"All_roads. shp"(电子资源中"道路网. shp"文件),它属于矢量线型数据;以同样的方式添加第三个文件"towncenter. shp"(电子资源中"镇中心. shp"文件)。这一节就利用这些基本数据来进行练习和介绍。

由于数据加载后是默认显示的颜色、线框、粗细,点数据的显示不是特别直观,因此要再

次对基本的颜色进行编辑。先给背景选择一种很浅的颜色,然后再把道路设置一种亮一点的颜色,为了练习中显示方便,这里选红色。这些都是可以在图层属性里设置的,读者可以自己尝试调节,后面教程中会详细讲解,这里就不再赘述。

放大缩小:三层数据都区分清楚后,如果要对某一局部区域细节进行显示和观察,就需要对这一局部区域进行放大显示。放大显示工具 在界面上边的工具条里。按住鼠标左键拖住不放,这个工具条的位置就可以挪动。根据需要可以挪到左边、右边或者中间,然后就可以用 这个工具进行放大或缩小操作。点击加号放大工具 ,就可以看到鼠标图标变为一个放大镜图标,然后在视图中需要放大显示的地方按住鼠标左键不放拖动出现一个矩形框,再松开鼠标左键,就可以看到一个局部的细节放大了。如果要缩小数据显示,则点击右边缩小工具 。其操作方式是先单击一下缩小工具 ,然后再在视图中单击左键鼠标,就会显示缩小后的数据。

读者需要注意,在点击加号放大工具 后,如果把鼠标光标放到视图数据上方单击,则会把上边部分放大显示;反之,如果把鼠标放到下方,则可以看到地图会向上移动。这是一种相对运动,左边点击和右边点击是相似的情况,此处不再赘述。

平移视图:如果图比较复杂,而数据处理需要经常这样放大、缩小,那么操作就会迷失方向,这时就需要用到第三个工具——平移 。其功能是将需要仔细观察的地图部分放大后挪到视图的中心来,然后再配合滚动鼠标中轮(放大、缩小数据显示),就可以实现放大或缩小,并聚焦到重点显示位置。

如果不需要滚动鼠标中轮这种自由缩放方式,可以采用其他的方式缩放,如这两个图标 ,每点一次,视图就会按照固定比例放大或缩小,逐渐点击,有利于对视图大小进行微调。

视图切换:在编辑的时候有时会发现某一个视图特别重要,会长时间或反复在该视图工作,但偶尔又要编辑旁边的一些位置,编辑完后又需要回到常用位置,这时该怎么办?此时就需要点击一下切换按钮 。如果要返回上一个视图,则点击左边按钮;如果又要到下一个视图,则点击右边按钮,这就是一个前后视图的切换操作。

以上就是对视图放大、缩小、移动等的基本操作。

全图显示:如果编辑完数据之后,需要将数据完整地显示在界面视图中,且需要返回到最开始加载数据后完整的显示状态,则可以点击一下全图工具 。它的功能是:不管放大到哪一部分、移动到哪一部分,点一下这个按钮之后,都会重新回到初始加载数据的完整显示状态,并且数据的最外轮廓边界在视图显示范围内,这样有利于观察整个地图的整体情况。

第 4 节　文件和内容列表操作

前面已经介绍了图层文件的打开操作。当添加了很多图层之后,需要对包含多个图层的文件进行保存;否则下一次继续工作的时候又要重新来添加这些图层,非常浪费时间。

文件保存：当新添加三个图层之后，就需要把它们作为一个整体保存起来，保存方式就是在菜单"文件"下找到"另存为"选项。点击"另存为"之后，在弹出的对话框中找到这个项目或者工作的文件夹，就能把文件存储起来。作为一个总的文件，需要注意这不是对单个图层文件进行存储，而是对整个文件内容进行存储，文件格式是".mxd"。存储时文件命名可以自定义，如命名为"练习"，最后点击"保存"按钮。

文件新建和打开：点击菜单"文件"下"新建"选项，创建一个空白文档。这个界面最上方的标题就显示为"无标题"，然后点击菜单"文件"下"打开"选项，把刚才已经保存好的"练习.mxd"文件打开，这样就可以看到上一次保存的三个图层文件都已经完整地再次呈现在视图这里，非常方便。

图层管理：打开这个新的文件之后，可以对它左边内容列表的图层进行管理，点击"图层"左边的减号，整个图层就可以收起来。当图层有很多时，适当收起来一些有利于提高图层编辑效率。这样一种操作方式在目前阶段读者可能看不出来它的便利，但当图层很多时，为了方便管理，这个操作是非常有用的。

重命名：如果要改变图层名称，有两种方式。一是用鼠标左键单击它一次，这时会显示蓝色底色，再单击一次，就会变成一个输入框，可以对图层的名称进行设置，如直接输入汉字"练习"。同样也可以对具体的一个图层文件进行重命名，单击一次它变成蓝色底色，单击两次之后（不是双击，两次单击之间停顿一下），它就会变成一个输入框，输入新名称"小镇"。二是点击鼠标右键，弹出下拉菜单，最下面有一个"属性"选项；点击选项之后弹出新的"图层属性"对话框；点击"常规"选项卡，可以看到有一个"图层名称"，这里也是一个输入框，可对名称进行编辑。同样也可以对道路名字进行变更。

"图层属性"对话框的"常规"选项卡界面

强调一下，在图层组或是图层名称上点击鼠标右键后会弹出一个下拉菜单，点击"属性"选项会弹出一个对话框，关于图层很多的设置都是在这个对话框里面实现的，后面会结合案例具体介绍。

第 5 节　数据的符号化显示

接下来说说要怎么对颜色进行编辑。

在 ArcMap 界面左边内容列表的图层这里，鼠标左键单击新加载的图层色块，弹出"符号选择器"对话框，就可以对矢量图层文件"boundary. shp"（电子资源中"行政边界. shp"文件）的颜色及边框进行设置。

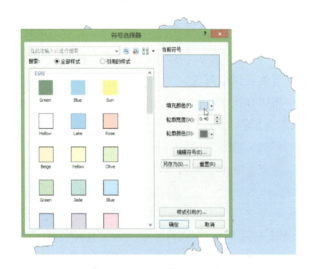

"符号选择器"对话框界面

什么是矢量数据？矢量数据有别于位图数据。简单来讲，生活中常见的数字照片就是位图数据。位图数据分辨率和像素越高，图像就越清晰，放大到一定程度就会模糊，而矢量数据无论放大多少依然清晰。关于二者更多的差别读者可以自行查阅相关资料。本书着重实际操作运用，让读者在实践操作中加深对知识的了解和应用，这里不再赘述。

模板选择： 在"符号选择器"对话框中，左边有很多显示样式的模板，如点击最左边的绿色方块，右上角的"当前符号"下面就会显示为绿色，并且没有边框。

边框设置： 这个模板的绿色没有边框，如果要设定边框，就可以在上面"轮廓宽度"一项进行设置。

颜色设置： 作为背景颜色，浅灰色更合适。因为浅灰色在色彩学上是中性色，作为背景颜色整体上会比较简明，也有利于背景内其他重要元素的配色。在做空间制图的时候，色彩搭配合适也是很重要的。也可以对其轮廓颜色进行设置。选择绿色后，如果又觉得绿色不合适，想要自定义颜色，就可以在"符号选择器"对话框右边的"填充颜色""轮廓宽度""轮廓颜色"里进行设置。最终获得自定义后的文件样式。

在"轮廓颜色"一项里把边框轮廓设置成红色，边框会很显眼。一般边框设为红色通常是在研究区有红线边界或需要突出显示，其他情况可以设置为黑色。

接下来再添加一个矢量文件。通常都不会只是在一个图层上进行工作，很多时候要进行数据的叠加。所以再一次点击菜单下工具条中的加号按钮，然后添加一些其他的数据。这一次选择居住用地"resident.shp"（电子资源中"居住用地.shp"文件）文件。

也可以对这个图层进行属性设置，用鼠标左键单击界面中左边内容列表中的居住用地图层，弹出"符号选择器"对话框。居住用地的颜色配置通常在制图方面是有规范的，一般应是暖色。这里为了高亮区别显示，就把它设置成红色，并且不想让它再有一个边框，所以把"轮廓宽度"设置为0。

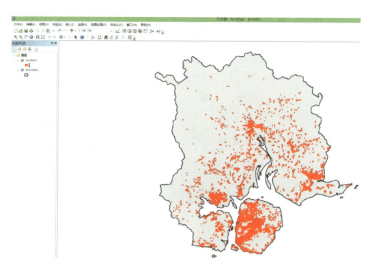

居住用地和研究区背景的符号化显示

这个时候就可以非常清楚地看到居住用地的空间分布了。可以发现，如果配色比较合理，图制出来就会比较清晰美观。这里背景选用了很浅的灰色，而要重点表达的居住用地用了高饱和度的红色，如此一深一浅、鲜艳和灰色之间产生对比，看起来会清晰一点。

同时在界面左边内容列表中可以看到新添加的这个图层，如果将这个图层方框中的对勾取消勾选，则在界面视图中就不会显示出来。如果只是要对居住用地进行编辑，而不需要让底层背景数据显示出来产生干扰，也可以去掉对底层数据的显示勾选。

接下来加载并认识第三个数据。可以看到前面两个数据都是块面矢量数据，第三个数据选择"towncenter"（电子资源中"镇中心.shp"文件）数据。加载进来后在左边图层列表会看到有一个新图层，以及有一个"点"这样的符号。但在工作界面中看不太清楚，因为居住用地太多太散了，很容易让视觉产生混淆。所以要将居住用地数据取消勾选，之后就可以清楚地看到"镇中心"数据了。

对"镇中心"点数据也可以进行符号化显示的编辑。同样的，在界面中左边内容列表中找到"镇中心"图层，然后用鼠标左键单击"点"符号，弹出"符号选择器"对话框。在这里选形状、颜色等。

如果没有特殊要求，可以用同心圆或者三角形、五角星一类的符号。注意把符号大小设置得稍微大一点。此外，当居住用地和点数据要同时显示时，居住用地选用了暖色调的红色，点数据就应选择有色差的亮黄色或者绿色、蓝色等冷色，总之要方便点数据在界面视图

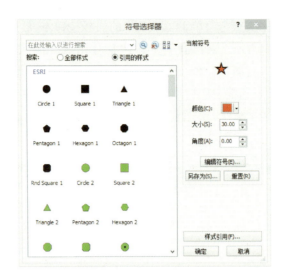

"符号选择器"对话框中定义要素的显示符号

中清晰显示,方便查看。

要注意多个图层叠加后的配色,便于清晰显示。整个背景用一种浅色,需要重点突出显示的用深色(如本例中居住用地用了红色)。本例红色相对于浅灰色是一种深色,二者之间能够拉开一个视觉差距。镇中心是采用了绿色大符号,绿色的冷色相对于红色的暖色形成了视觉对比,就能比较清晰地显示出来。

到此为止,本书就教给读者怎么打开一个数据,以及进行数据的基本设置。当不需要数据显示出来时,去掉对它的勾选就可以了。有时数据损坏了,需要重新加载这个数据的时候,把它直接移除就可以。

数据移除:其操作方式如下:
- 在界面左边内容列表的图层名称这里点击鼠标右键;
- 弹出来一个下拉菜单,在菜单里有复制、移除、属性打开、属性表等选项;
- 单击"移除"选项。

第 6 节　数据的符号化分级显示(一)

首先添加一个新的图层"分区边界.shp",这个步骤在前面的课程中已经介绍和操作过很多次,这里不再复述。由于这个"分区边界.shp"文件包含 4 个分区行政边界,因此在视图中读者会看到一些分界线。

分级显示:如果对默认地图观察得不是很清楚,可以把颜色重新设置一下,填充色变成浅灰色,轮廓的颜色设为黑色,轮廓的宽度设为 0.5,就能看得清楚一点。现在 4 个分区颜色都是一样的,接下来介绍如何根据某一项数据对这 4 个分区进行分级显示。

在 ArcMap 界面左边内容列表的图层这里,用鼠标左键双击新加载的图层名称,图层名称会变成蓝色底色显示,同时弹出一个"图层属性"对话框。这个操作同样可以通过鼠标右键单击图层名称,然后弹出下拉菜单再选择"属性"选项的方式来实现。

在"图层属性"对话框最上边有一排选项卡。选择"符号系统"选项卡,可以看到这个图层只有一个符号系统,现在它是"单一符号"显示,亦即颜色都是单一的。点一下这个色块可以改变它的颜色,这个很简单。点击进去就会进入"符号选择器"对话框,这个在之前已经介绍过,这里就不再讲解,如下图所示。

"图层属性"对话框中的"符号系统"选项卡界面

接下来介绍分级显示方式,点击"符号系统"选项卡左边"显示"下面的"数量"之后,会展开"分级色彩""分级符号"等几种显示方式的选项,我们选择"分级色彩"。"分级色彩"可以让不同矢量数据单元(如不同市、县、镇的行政边界)根据某一个数据(如"人口")来进行分级差异化色彩显示。这里选择"面积"数据为例做演示。案例里有 4 个不同矢量数据单元,就把"面积"序列分成 4 级,它默认也是分为 4 级。

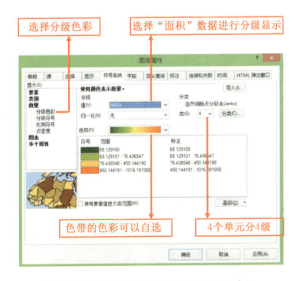

"符号系统"选项卡界面分级色彩显示介绍

点击"应用"看一下效果,再点击"确定"。可以看到视图中的行政单元分区显示分成了4级。分级的标准是根据各个单元的"面积"大小差异呈现的,4个区域,4个块面,4种颜色。注意到最下面的小岛虽然和其他单元看似没有联系,似乎应该是一个独立的单元,但是由于在行政区划上小岛并没有独立成一个行政单元(不是一个独立的多边形数据),所以不会有差异颜色。

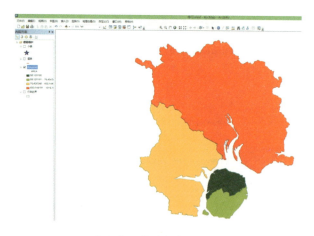

多个分区的分级色彩显示

若要重新编辑4种颜色,则应再一次双击这个图层的"图层名称",进入"图层属性"对话框的"符号系统"选项卡。左边"显示"下面"数量"里展开"分级色彩","色带"这里可以选颜色,如可以选择灰度(从黑到灰到白的中性色差异化)。数据开始设置为"单一符号"的时候是1种灰色,现在它变成了"分级色彩"的4种灰色,也就是说它根据"面积"的大小进行了分级显示。

同样,"分级色彩"里面的每一种颜色也可以自定义进行调整。如果觉得上面这个黑色太深,则可以把它调浅一点。方法是在"分级色彩"的4个色块中双击需要调整的色块,就会弹出"符号选择器"对话框,这个读者就很熟悉了,前面已经操作过很多遍,可以自定义颜色了。

分级色彩显示中的色彩自定义

需要注意的是，分级色彩显示数据排序，是从小到大的差异化显示形式。若要用灰度来显示，则应该让颜色的深浅变化和数据的大小排序、递增或者递减一致，这样才不至于混乱。

上面示例中介绍的是根据"面积"来进行的分级显示，能不能根据其他数据来进行分级呢？如在制图中经常需要根据人口多少来进行分级显示，怎么操作？操作当然是简单的，但前提是首先需要建立人口数据。那么又怎么、到哪里建立人口分析数据呢？在后面的内容中本教程会有详细介绍。

用属性表数据选择单元：查看一下矢量文件的属性数据表。

➤ 右键这个图层名称；
➤ 打开、调出下拉菜单；
➤ 选择"打开属性表"选项，就弹出了属性表。

可以看到属性表有很多字段（"FID""AREA"等），"AREA"（面积）表示每一块单元数据的面积大小。当单击左边第一列的某一个方块的时候，整个这一行就会成为高亮显示（浅蓝色）。并且在视图里面，某一个行政单元块也会出现边界高亮显示（浅蓝色），意味着这个数据单元处于被选择的"选中"状态。

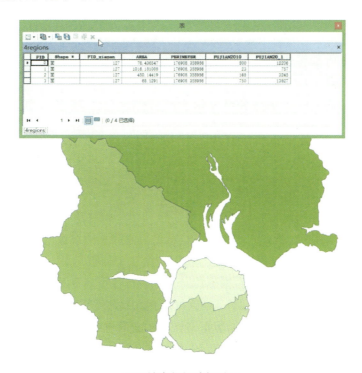

用属性表数据选择单元

数据排序：如果右键单击属性表中"AREA"（面积），会弹出一个下拉菜单，在其中可以选择"升序排列""降序排列"等选项，对数据大小进行排列。选择"升序排列"之后，就可以看到第一行最小的"AREA"（面积）数据是 68。再一次点击左边第一列第一行的方块，可以看到这一行高亮显示（浅蓝色）。并且在视图里面，面积最小的行政单元块也会出现边界高亮显示(浅蓝色)。通过这种方式就很容易找到面积最小的数据单元。

怎么分级化显示人口数据呢？这个属性表里面并没有人口数据，"AREA"（面积）右边是一个"PERIMETER"（周长）字段，没有人口字段。在示范案例讲解中，一些数据并非真实准确数据，而主要是为了满足教学要求、达到教学效果，特此说明。这里设定"PERIMETER"（周长）旁边的字段为"人口密度"数据，字段名称是"2010"。这里面的数据可以进行编辑和更改，如每一年的人口都在变化，就可以在这里进行编辑更新。这里先不讲怎么编辑该数据，先讲讲怎么以人口数据进行符号化分级显示。

按人口密度分级：先关闭属性表，再一次双击图层名称，进入"图层属性"对话框的"符号系统"选项卡里面，在"字段"一栏中选择"2010"，然后它自动分了4级，点击"应用"。这次就可以看到视图中的显示，面积最大，人口密度最小。这样就实现了分区人口密度的分级显示。

第7节　数据的符号化分级显示（二）

本节继续介绍数据的分级显示。

前面根据人口密度对分区矢量数据进行了分级显示，这里先对图层的分级显示字段进行重新命名。在 ArcMap 界面左边内容列表的图层下分级显示字段名称上单击两次，当然单击不要太快，否则就变成了双击，要慢一点，出现输入框后更改分级显示字段名称为"人口密度"，如右图所示。

图层字段重命名

分级显示字段名称下面就是人口密度的 4 个分级，第一个是 23 人，第二个是 24~168 人，等等。注意这里的 23 是怎么来的？751 是怎么来的？这时要再来看一下数据属性表里的字段以及数据。

选择这个图层名称，用鼠标右键点击图层名称弹出下拉菜单，选择"打开属性表"选项，弹出"属性表"，找到倒数第二列的"2010"字段，就是前面演示中设定的人口密度字段。这里有 23，对应第一个分级就是 23，其后就是 168，对应第二个分级是 24~168，可见它就是根据基本数据进行的分级划分。那么能否根据特殊要求进行分级划分呢？也是可以的。

再次双击图层名称进入"图层属性"对话框之后，找到"符号系统"选项卡，上一节根据"人口密度"进行分级，接下来本节介绍数据节点的中断值自定义。

中断值自定义：在色带中选取浅绿到深绿的色带分级显示，然后对数据节点的中断值进行自定义。在浅绿色的这一块符号后面"范围"的数据这里单击鼠标左键，出现输入框后设置数据为 100，人口密度范围就变为 23~100，第二个为 101~200，等等。由此可见，改变之后数据就按照自定义的方式来进行分级了。

更改分类方法：当然也可以在"符号系统"选项卡里的右边"分类"这个按钮上点击一下就进入"分类"对话框，可见"分类"的"方法"这里默认的是"手动"，因为已经对数据节点做了自定义更改。

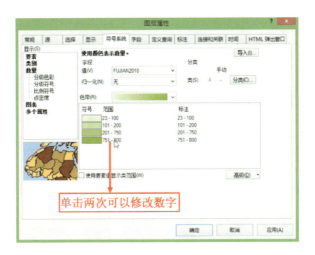

分级色彩显示中分级数字的定义

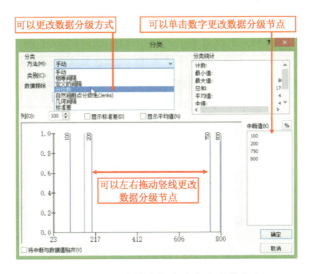

分级色彩显示中的分级方式和中断值定义

单击"手动"这一栏,可以打开下拉选项,有很多可选项。通常是选择"自然间断点分级法",分级节点就是字段的数据本身,如最小是 23,最大是 800。当选用"自然间断点分级法"后,点击"分类"对话框的"确定"、点击"符号系统"选项卡里的"应用",可以看到数据节点又回到了最初的数据自然断点这种分类方式。

如果要用其他的分类方式：

➢ 再点击"符号系统"选项卡里右边"分类"这个按钮；
➢ 进入"分类"对话框；
➢ 修改"自然间断点分级法"为"定义的间隔"；
➢ "间隔大小"为 160。

以 160 为数据间隔,第一个 160 就是 0～160,第二个 160 就是 160～320,以此类推。可

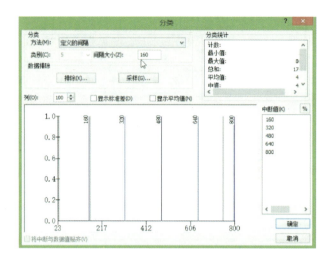

分级色彩显示中的中断值定义

以看到右边的"中断值"分别为 160、320、480、640,都是 160 的倍数,就是这么来的。

注意:以 160 为数据间隔,分为 5 级,"间隔大小"定义的数字越大,分类的类别也就越少。若以 400 为数据间隔,就会报错,分类就失败了。因为这个数据范围是 23~800,读者可以自己试试各种参数(160、200 等),看看不同结果。

此外,也可以试一试其他的分类方法,如"标准差",这也是经常用到的一个分类方式。当"间隔大小"为 1 标准差的时候,中断值为 263、607 和 800,分成了三级。如果要把数据分得细一点,就选择 1/2 标准差,它就是 5 个级别;如果选择 1/3 标准差,就是 8 个级别。但是实际上总共只有 4 个矢量数据单元,分为 8 个级别就没有必要。有时数据单元很多,如所有的县,在 1 000 个以上,此时分级就可以分得多一点。这里选择 1/2 标准差就可以了。

第 8 节　点要素的分级显示

前面章节介绍了分区单元里人口密度数据的分级显示,现在对点元素数据也进行分级显示操作。

在目前图层里,可以看到只有分区人口,它的图层名称是被勾选的☑。如果取消勾选,在视图中就看不到数据了。

再次打开"镇中心"数据,可以看到这里有之前已经标注好的几个小镇的镇中心数据,如果要对小镇的数据(如小镇的人口数、GDP)进行分级显示,又该怎样操作?如果想把某个镇中心的图标突出放大显示,同时又把其他镇中心图标显示得小一点,这样的操作又该怎样进行?

编辑符号:在 ArcMap 界面左边内容列表的图层名称上双击,弹出"图层属性"对话框,选择"符号系统"选项卡,可以看到现在是"单一符号"。在选项卡右边,有这个符号的颜色、边框、形状,可以单击后进入"符号选择器"对话框进行更改,如这一次选择一个三角形。

点要素分级符号显示的定义

颜色设置：颜色选择了绿色，但是这个绿色和背景颜色太像了，所以还不能用这样的颜色。前面已经讲过了，在制图的时候不能随便选颜色和形状，除了必须遵守的制图规范之外，也要考虑尽量美观和清晰，所以这里给小镇以红色。因为红色和背景的浅色底，可以呈现很强的对比。

大小设置：把符号设置大一点，如设置为30，然后点击"应用"按钮。这个时候就可以看到视图中镇中心是红色显示，背景是浅绿色，这两个之间对比比较强烈，就可以把图看得非常清楚。

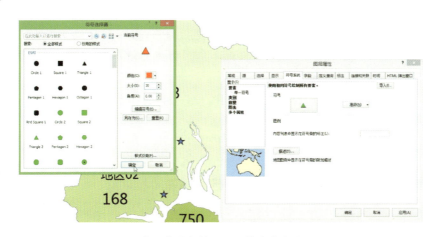

点要素分级符号显示的大小定义

分级符号：接下来要把镇中心数据进行分级显示。在"符号系统"选项卡里左边单击"数量"展开下拉选项，选择"分级符号"，右边选择一个字段来进行大小的分级变化，这个和前面按照人口密度分级显示不太一样。上次在图里以"分级颜色"的形式表达人口密度的差异化，这次城市的大小由于都使用同样的符号表达，因此需要用图标的大小来显示。所以这里不用"分级色彩"而用"分级符号"。然后在"符号系统"选项卡右边选择一个字段,字段选用"AREA"(面积)。

颜色设置:点击"应用"按钮之后就可以看到视图有一个大的点和一些小的点,不是很清楚,因为它默认的绿色和背景绿色产生了混淆,所以单击"符号"下的图标进入"符号选择器"对话框修改颜色为红色,这样色差很大就能很容易地辨识出来。

点要素分级符号显示的颜色定义

数据查询:视图中有4个小的镇中心和1个大的镇中心。我们想知道具体是什么样的数据,看字段名称是"AREA"面积,但实际上里面有没有数据目前也不是很清楚,所以现在需要再检查一下数据表。

用鼠标右键点击图层名称,下拉菜单选择"打开属性表",打开之后就可以看到这里有一个"AREA"字段,但是字段下面的数据有几个都是空白的,所以需要把这些数据填进去,或者从外面数据表里导入进来。因为这里只有4个报告单元,镇中心的比较少,就那么几个点,所以读者可以自己手动编辑数据。

这一节主要给读者介绍点数据的分级显示,下一节再介绍数据编辑,编辑之后再来显示级别差异。

第9节 点要素的比例符号显示

前面给大家介绍了一下用分级符号的方式来显示点元素,同样也可以用比例符号来显示。

- 双击图层名称,弹出"图层属性"对话框;
- 点击"符号系统"选项卡;
- 左边"显示"列表点"数量"展开下拉选项;
- 选择"比例符号";
- 右边"字段"里仍然是选"AREA"(面积);

➢ 符号数量选择 5 个；
➢ 点击"应用"按钮。

此时从视图中可以看到，由于采用了比例分级的方式进行分级显示，因此符号有大有小。

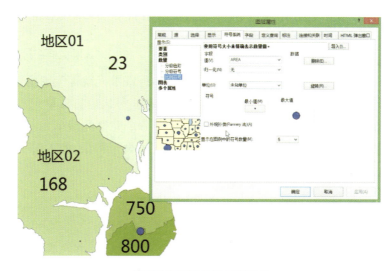

点要素比例符号显示的定义

同样，可以再切换回"分级符号"。分级符号里，可以点击右边的"模板"按钮进入"符号选择器"对话框进行切换。这次可以换一个符号，颜色用红色，大小可以再大一点，然后点击"应用"按钮。这样就有了大城市和小城市的区分。

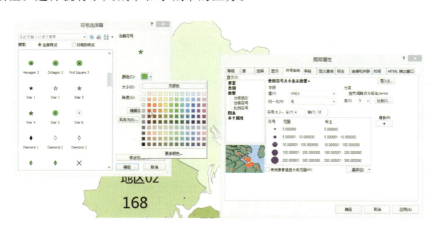

点要素比例符号显示的符号选择器使用

在 ArcMap 界面左边内容列表里，如果觉得数字的小数位数太长了，而且不是特别简明，也可以用汉字显示。单击这些数字两次（注意不是双击），出现输入框之后，输入文字说明。这里作为示范，输入的名称是临时的。读者在自己的工作中要结合需要进行命名。当然这样的名称重命名，也可以在双击图层名称后进入"图层属性"对话框进行更改。

第10节　线要素的分级显示

前面章节中用较多的时间给读者介绍了块面元素多边形(polygon)的多个报告单元(多边形)怎么按照属性数据进行分级显示,以及点元素怎么按照属性数据(人口数、GDP、面积)进行分级显示。

接下来再给读者介绍线元素怎么分级显示。

首先在 ArcMap 界面左边内容列表中把点元素和行政单元块面元素的图层都关掉(图层前方框取消勾选),然后打开最初的完整行政边界(不是分区的行政单元),再把"道路网.shp"打开。将界面视图中的标注都删掉,就可以看到一个完整的新单元,以及里面的线元素。现在界面视图中只显示边界块面元素和路网线元素两个图层,如下图所示。道路网里包含很多线条,怎样对道路分级显示呢?

线要素和背景研究区的符号显示

道路网里有国道、省道、县道,还有乡村道路以及铁道等。我们希望每一条道路都按照自己的级别来显示,而不是所有的道路显示都是一样的。

查阅属性表数据：首先要看道路里面有没有分级。在 ArcMap 界面左边内容列表的图层名称上点右键,下拉菜单选择"打开属性表",在属性表里面可以看到有很多条线数据(polyline)。在字段里面可以看到有一个"道路级别"的字段名称,这里面的数据对每条线都已经定义了一个道路级别,如一级、二级、三级。

表中最上面的字段名里面还有道路的"长度"。道路长度是可以计算出来的,如果现在要计算每一条道路长度,可以:

➤ 选一个空白的数据列(如示例数据中最后一列);
➤ 在字段名称上点右键;
➤ 在弹出的下拉菜单中选择"计算几何";
➤ 在弹出的"计算几何"对话框里选择"属性"为"长度";

➢ 点击"确定"按钮，就可以计算出线的长度。

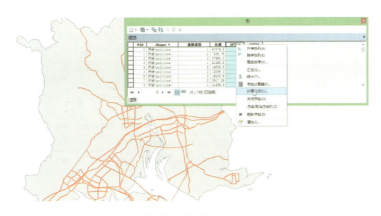

线要素路网的属性表

那么"道路级别"字段里面的数据是怎么得到的呢？实际上在绘制线的时候，就会把数据的属性（道路级别属性）创建出来。如果后面需要再进行更改，在编辑模式（打开编辑器）中是可以进行更改的。关于数据属性的更改，前面已经给大家介绍过，这里重点介绍一下线数据的分级显示。

线元素分级符号显示：

➢ 双击图层名称；
➢ 弹出"图层属性"对话框，选择"符号系统"选项卡；
➢ 依次点击左边的"数量""分级符号"；
➢ 右边字段里找到"道路级别"，默认分成了 4 级。

具体要用什么样的方式进行分级，在之前的课程里也给大家介绍过了，如自然断裂法、标准差、自定义手动等，这里就不再一一重复。

线要素分级符号显示的定义

设置线型：接下来对每一级道路都要进行显示方式的自定义。

➢ 在"符号系统"选项卡中间偏下找到"符号"位置；

➢ 点击需要编辑的线条；

➢ 进入"符号选择器"对话框，选择一个显示方式，如高速公路就可以选择 Highway（高速公路）的模板显示。

线要素分级符号显示的符号选择器使用

当然，哪一条是高速公路呢？在前面已经讲过了，道路级别是在创建这条道路的时候已经被定义好了，已经加入了道路级别的数据。

用同样的方式可以对其他道路的显示形式进行定义。注意：在示例数据中，道路级别的设置并不是真实的，只是为了教学上方便演示效果。

在各级道路的符号选择和设置中，也应注意到不同级别道路的粗细设置和颜色深浅设置，以便区分道路级别。当然，在实际制图过程中，这些都是要参考具体的制图规范的。在本例教学演示中，可以考虑低级别道路（乡道）选一个细点的线型进行显示，否则图面的路全是粗线，就很难区分和辨识。

修改标注：在图层列表中也可以对级别的数字表示进行名称更改。更改的方式前面讲过有两种：第一种是直接在图层名称上单击两次，两次要间隔一点时间，而不是快速双击，待出现输入框之后，把数字级别修改为"高速路"名称，用同样的方式也可以修改其他道路级别的名称；第二种是在"图层属性"对话框的"符号系统"选项卡中间"标注"下单击道路分级的数据进行更改。

线要素分级符号显示的标注定义

第二章
地图制图和相关设置

第 11 节　专题地图的输出

前面介绍了数据的分级显示，接下来就可以制作专题地图了。

在地图制作中，经常会制作专题地图。专题地图是在地理底图（如本例的行政边界）上按照地图主题（如本例的交通路网地图）的要求，突出并完善地表示与主题相关的一种或几种要素（如本例的道路网），使地图内容专题化、表达形式各异、用途专门化。

首先需要给读者介绍下 ArcMap 两种类型的地图视图：数据视图和布局视图。在数据视图中，用户可以对地理图层进行符号化显示、分析和编辑 GIS 数据集。通常在编辑数据和分析数据时都是在数据视图中完成的。在布局视图中，用户可以处理地图的页面，包括其他地图数据元素，如图例、比例尺、指北针等。

地图缩放： 出图前要点击视图左下角的"布局视图"按钮，视图中会出现图框和一些标注。要让主图最大化显示出来，可以选择界面上方工具条里面的放大工具 。注意：不是选择布局工具条里面的放大按钮 ，这个按钮会放大视图。

选择工具条里面的放大工具 后，要放大视图的内容，可以按住鼠标左键不放在图框内拖动一个框，包含行政边界的范围，松开鼠标后图框内的内容就放大了。

图例缩放： 接下来对图例等标注进行调整。先插入图例，在菜单"插入"下面找到"图例"并点击选取，图例添加到视图之后是基本的默认设置，有时候它会跟制图需求不是特别相符，还需要进行调整。

点击界面上方工具条里面的"选择"工具 ，就可以选取图框中的图例等元素，选中图框中的图例后其四周会出现可缩放的边框，把图例放大一点。放大之后就可以看到，图例里面会有道路级别（高速公路、省道、铁道、乡道）、行政边界等。关于字体怎么调，在前面已经讲过，这里就不再重复。

出图设置： 出图方式前面也介绍过，这里不细讲。简单过程是：
- 在"文件"菜单里面选择"导出地图"；

> 图片格式设置为".tif"格式,分辨率为 300 dpi;
> 点击"保存"按钮。

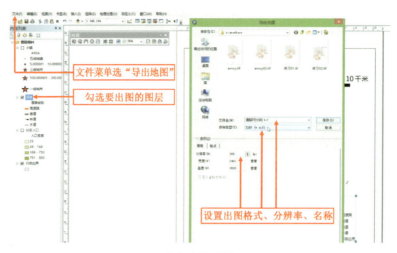

导出地图设置

分级道路成图了,要输出人口密度的专题地图,又该怎么做?同样,在 ArcMap 界面左边内容列表里取消对分级道路图层的勾选,然后勾选人口密度图层。勾选之后布局视图会自动把图例切换为人口密度。图例大小和字体的调整、设置都是前面已经介绍过的内容,也不再赘述,设置好之后导出地图并保存就可以了。

第 12 节　基本的出图方式和设置

布局视图: 当在界面视图里面对数据编辑得差不多时,就需要制图和出图。出图之前首先要进行调整,在界面视图左下角可以看到有"数据视图"和"布局视图"图标,当鼠标放上去之后就会显示"数据视图"和"布局视图"文字提示。在编辑数据的时候是处于"数据视图",如果要出图,就要点一下"布局视图"图标。点一下之后就会弹出来出图的图面,有了一个图框。

导出地图: 出图时会将图框内的内容输出为一张图,存图方式是点击菜单"文件"下的"导出地图"选项,弹出的对话框有一个文件夹可以选择,也就是确定最终图片存储的位置。位置一定要确定好,否则图出来之后会找不着。选好后进行文件命名,就把它命名为"练习 01"文件。

导出设置: 格式怎么选?通常图片文件一般都是".jpeg"格式或者".png"格式,但是作者建议读者作为科研学术从业者一定要保证图的质量很高,尤其是要发论文或者汇报项目工作时,图片清晰度要求非常高,如分辨率通常要 300 dpi,尺寸一定要达到多少像素。所以这里最好选择".tif"格式,也就是说".tif"格式的图片清晰度会比较高,对图片的压缩要少一些。

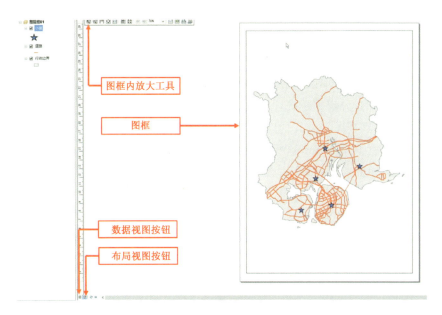

布局视图的操作介绍

出图参数设置介绍

  分辨率是什么？在"常规"选项卡里有一个设置，默认是一个很低的分辨率（96 dpi），通常都会把它设置到 300 dpi。改为 300 dpi 之后，"分辨率"选项下面的"宽度""高度"选项的像素数字自然就会升高，这样导出来的图很清晰，即使放大几次它也依然会很清晰。设置完之后点击"保存"就可以了。

  什么是像素？什么是分辨率？什么是 dpi？这里就不做知识介绍和理论解读，有兴趣的读者可以自行在网上或图书馆搜索查询相关概念和知识，这样的资料也是非常好找的。为了提高阅读效率和软件学习、操作的效率,本书将别处容易获取但是在操作中用得较少的知识略过。本书的目的是让读者尽量高效率学习,掌握ArcGIS软件运用,快速上手,至于相关概念、理论知识只是简要提示。因此,对于上述几个概念,这里只是简单地告诉读者一个基本常识和结论,对出图有基本认识和帮助,即:一张照片或者图片的像素越大,图片越大,相对也会更清晰;同样的,分辨率越高,图片也会相对更清晰。

图框调整:再回到视图看看其他问题,发现地图和图框之间有很多空白,就需要进行调整。特别是不太熟悉Photoshop这些图像处理软件时,就更希望能够一次完善成图。这里我们希望图框贴着里面的地图,那怎么办? 先用布局工具条里面的放大缩小工具来试一下。放大一点,会发现放大的时候实际上是界面视图在放大,和图框里边的地图没有什么关系,所以要再把视图缩小,用平移工具把地图挪到视图中心来方便观察。

那么如果要对图框里面的地图内容进行放大怎么办? 这次需要用界面上方工具条里面的放大缩小按钮来试一下。

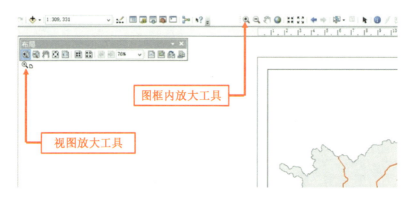

布局视图与工具条放大工具

如果要放大视图内的内容,需要按住鼠标左键不放在图框内拖动一个框,包含行政边界的范围,松开鼠标后图框内的内容就放大了。

如果要调整图框大小,需要点击工具条右上角的"选择"工具,选择图框上边界后按住鼠标左键不放向下拖动,整个图框高度就会变小。

比例尺、指北针、图例放置:出图之前需要给地图配比例尺、指北针。
- 点击界面中菜单里的"插入";
- 找到"指北针"选项点进去;
- 弹出"指北针选择器"对话框;
- 挑选一个合适的指北针图标,点击"确定"退出对话框。

然后把指北针挪到布局视图图框内的右上角,指北针一般都是放在上边,同样的操作步骤可以放置比例尺,顺序依次为:
- 点击"插入";
- 点击"比例尺"选项;
- 弹出"比例尺选择器"对话框;

> 设置完之后点击"确定"按钮,放入图框。

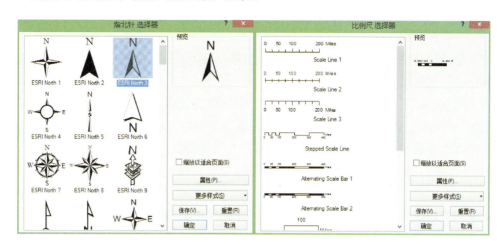

指北针和比例尺符号显示的定义

最后要插入图例。当前视图有多个图层,每一个图层都会显示一个图例。插入图例的步骤同样是"插入"菜单下点击"图例"选项,弹出"图例向导"对话框,双击左边"地图图层"中要显示图例的图层后就会进入右边"图例项",如果某一个图层不需要显示图例,就在右边"图例项"内容列表中点击图层名字,让它呈蓝色背景,然后点击下面的 图标,该图层就会回到左边"地图图层"中,这意味着该图层的图例不会显示在图框中。完成这一步之后,后面还有很多设置,本节暂不做具体介绍,直接点击多个"下一步",最后把图例放到图框中的右下角就可以了。

"图例向导"的设置

然后再一次对地图进行导出,过程不再赘述。

第 13 节　比例尺、指北针、图例调整

前面给读者介绍了出图的一些基本设置，包括分辨率、像素、图框等，这一节接着介绍与主图相配合的比例尺、指北针、图例参数调整。

在菜单"插入"下面可以找到比例尺、指北针、图例等元素，添加到视图之后呈现基本的默认设置，有时候它会跟制图需求不相符，还需要进行调整。

比例尺大小调整： 用鼠标左键单击选择工具 之后，就可以选取图框中的比例尺、指北针、图例等元素。选中比例尺这个元素可以看到，它会出现一个蓝色的框，表示可以对它调整大小。

比例尺属性设置： 双击图框中的比例尺，弹出比例尺的属性对话框，在这里可以看到它的主刻度数默认是 2，分刻度数默认是 4。如果不需要那么多，就可以把它调整为 2，然后点击"应用"看一下效果。

比例尺符号显示的定义

单位的标注"主刻度单位"默认是米，像一个城市大范围用"米"为单位就不是很合适，可以把它选择为"千米"。点击"确定"之后，图框内的比例尺就会变成千米。但是默认的字体还是有点小，再一次双击进来，点击"数字和刻度"选项卡，再点击"符号"按钮，弹出"符号选择器"对话框，对文字进行调整。

字体默认是"宋体"，把它选为"微软雅黑"或是"黑体"等都可以，因为"宋体"比较纤细，字号小了之后看起来就不是特别清楚。默认字号是 9，可以试一下 20，然后依次点击"应用""确定"按钮。

指北针属性设置： 接下来再对指北针进行调整。同样，双击指北针之后，就进入属性对话框进行重新设置。

首先来看一下指北针这个符号是不是我们想要的。如果需要重新选择指北针，就点击对话框左下方的"指北针样式"进入"指北针选择器"对话框。

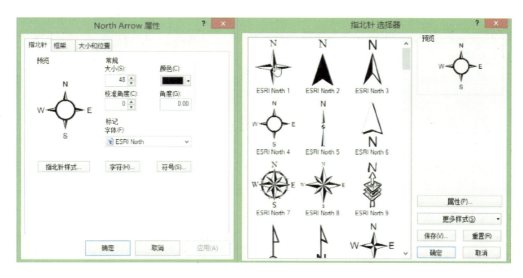

指北针符号显示的定义

注意：如果比例尺形式比较简单，则指北针的形态也要和比例尺相一致、相统一，不要弄得太复杂，简单的指北针就会选择第一个或者第三个样式。有时为了保持图中各个要素高度和谐统一、美观，还有很多细微的调节。例如，比例尺已经超出图框了，用鼠标左键按住比例尺不放把它挪一下位置；指北针中心通常是位于比例尺的中心，也就是竖直方向中心线对齐才美观；指北针的文字标注和比例尺的文字标注字体、字号都应一致。

图例属性设置：双击图例就会进入"图例属性"对话框。在"项目"选项卡中有三种数据类型，分别是点数据（小镇）、线型数据（道路）和面数据（行政边界）。如果小镇这个数据不需要比例尺，其操作方式在上一节已经讲过了，此处不再赘述。

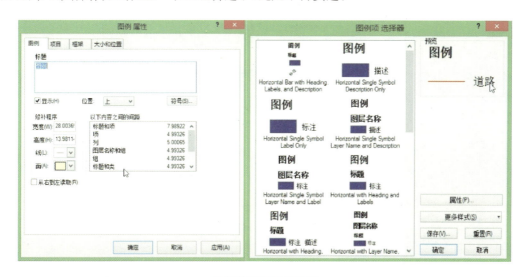

图例符号显示的定义

这里说下其他设置。选中"道路"图层后，点击"样式"，就会弹出"图例项选择器"。点击

"属性"可以进行设置,在标注中可以对字体的大小进行调整。同样的调整方式就是点击标注中"符号",就进入熟悉的"符号选择器"对话框了。这些设置经过几遍练习后就比较熟悉,这里不再细说。

第 14 节　地图上的数据标注

现在已经对 4 个单元分区数据进行了分级分类显示,接下来希望能够在每个报告单元里面显示密度数据,也就是直接显示在地图上,即数据标注。

标注数据:
- 在 ArcMap 界面左边内容列表的图层名称上双击;
- 弹出"图层属性"对话框;
- 找到"标注"选项卡;
- 在"标注字段"这里选择"人口密度";
- 把左上角的"标注此图层中的要素"勾选起来,如果不勾选是没有效果的。

然后点击"应用"按钮,就可以看到视图中 4 个单元里面密度数据已经显示出来了,如果不勾选"标注此图层中的要素",点击"应用"按钮后,就可以看到视图中数据已经没有了。同时发现刚刚标注的数据字体太小了,显示效果不好。虽然制图讲究科学,对于美观方面不需要关注太多,但还是要有基本的要求和规范。如这个标注数字太小,基本就没法看,所以要把数字改大一点。

图层属性对话框中标注选项卡界面

更改字体:在"图层属性"对话框中把"文本符号"右边的字体大小"8"修改为"40",点击"应用"按钮,视图中的数字就很大了。同时字体也可以从原来的"宋体"修改为"微软雅黑"。

插入文本:现在每个单元的"人口密度"数据已经出来了,接下来需要把每个单元的名称也加进去。

➤ 点击菜单中的"插入";
➤ 选择"文本"选项,就会在视图中插入一个文本;
➤ 对文本进行编辑;
➤ 双击视图中的文本进入文本的"属性"对话框。

在该对话框里可以进行名称的编辑,如果觉得字体太小了,要更改,就点击"更改符号",就进入非常熟悉的"符号选择器"对话框,在里面选择"微软雅黑"字体。因为视图中的"人口密度"数字是"微软雅黑"字体,而文字和数字之间一般不应有很大差别,否则字体太多,整个图面会很乱。为了让图面尽量统一、简洁,我们将文本字体大小改成"30"。改过的地区名称和人口密度数字差不多大,非常合适。

标注内容和属性的设置

第 15 节　布局视图的调整

本节介绍怎么调整布局视图图框的大小和范围。

进入布局视图:要出图,首先要把视图切换到布局视图,即在视图左下角点击这个按钮,进入布局视图。

更改图框大小:进入布局视图之后,看到视图中有一个图框,图框的大小可以自定义。如果觉得图框有点小,就可以在界面上方工具条里面选择"选择元素"工具,然后选择图框拽住鼠标左键不放往上面拉一点,图框就会变高一些。也可以用同样的方式把指北针选中并缩小一点,或者实现图例的放大或缩小。总之,要把所有的元素放在图框之内,并且尽量让比例合适,地图本身的大小不宜太满,也不宜太小,让图面空泛失衡。

缩放地图大小:如果要缩小图框内地图的大小显示,要使用界面上方工具条里面常用的放大或缩小工具,而不是在布局工具条里选放大或缩小工具。这两个工具的效果差别前面已经介绍过了,读者可以自己去尝试并体会一下差别。

如果不小心在图框内单击了放大或缩小工具，地图会偏离图框中心，则要把这个已经偏移了的地图挪到图框的中间来，而不是挪到视图中间来，其方法也是使用界面上方工具条里的平移工具，而不是布局工具条里的平移工具。

这个地方讲起来似乎有点绕，读者只要自己去多尝试一下、体会一下，就能很快明白二者之间的差别。其他方面，图例也可以调整，同样先选中它再进行放大或缩小及调整属性，前面已经讲过了，这里就不再重复。

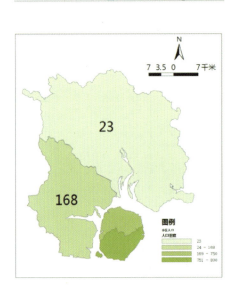

一幅简单专题地图的图面要素

第 16 节　地图添加经纬网

本节重点讲讲怎样对图框范围内的地图添加经纬网。

添加经纬网：

➢ 在 ArcMap 界面左边内容列表的图层组上点击鼠标右键；

➢ 弹出下拉菜单选择"属性"选项；

注意：这里是在图层组上右键点"属性"选项，而不是在某一个图层的图层名上点击右键，两种操作之间是有差别的。单个图层文件点击右键后弹出的下拉菜单里的属性只是管这一个图层文件，而这里图层组属性是管所有的图层的属性，二者属性之间有很大的差别。

➢ 弹出"数据框属性"对话框；

➢ 进入"数据框属性"对话框后找到"格网"选项卡；

➢ 点击"新建格网"按钮；

图层组"数据框属性"对话框界面

> 弹出"格网和经纬网向导"对话框,对话框里会提示有经纬网、方里格网、参考格网等选项,这里示范添加经纬网。

添加经纬网的过程与设置

设置字体大小:若有其他选项的需要,读者自己去尝试一下就可以了,本例主要就是告诉读者要从哪里把格网调出来,然后怎样把它应用到地图上。后面的对话框,如果没有特殊需要,依次点击"下一步"按钮就可以了。当然在"轴和标注"对话框里,通常默认标注出来的文字可能会有点小,所以可以点击"文本样式"按钮进入"符号选择器"对话框来进行调整,默认文本大小是6,这可能就比较小了,改到15。

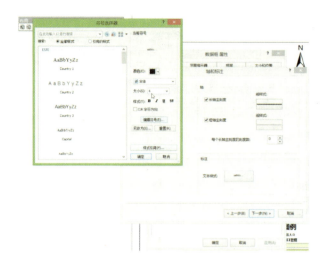

设置字体大小和显示效果的界面

后面的操作就不再一步步解说，比较简单。在"数据框属性"对话框点击"确定"按钮后，就可以看到图面出现了经纬网。

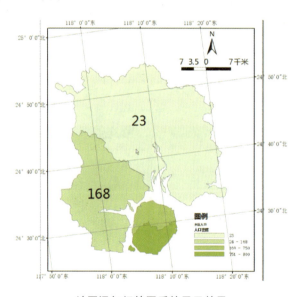

地图添加经纬网后的显示效果

第 17 节　地图添加图题

本节介绍给地图添加图题。
添加图题：
- 点击"插入"菜单；
- 在下拉菜单中选择"标题"；

➢ 在弹出的"插入标题"对话框中输入图题名称,点击"确定"按钮。

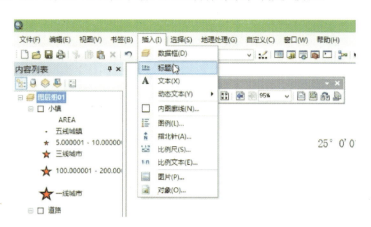

给地图添加图题的方式

调整图题:

点击"确定"按钮后,图题就会出现在视图中,可以把它挪一下位置。

➢ 如果要对它进行调整,可以在上方工具条中找到"选择元素"工具 ,选中视图中添加的标题然后点击右键;

➢ 在弹出的下拉菜单里选择"属性";

➢ 弹出"属性"对话框,就可以再一次对标题进行调整。

图题内容和显示效果的设置方式

默认的字体是"宋体",字体大小是 22,这些都可以更改一下,点击"更改符号"按钮进入"符号选择器"对话框就可以对字体进行更改,可以设置为"微软雅黑"字体,字体大小设置为 30。

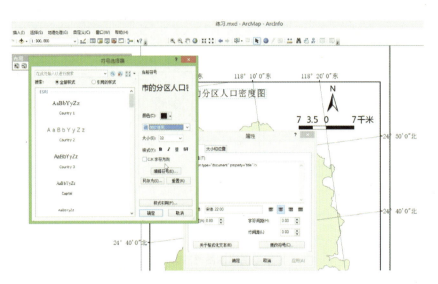

图题显示效果的字体设置

添加文本：接下来在图题下面再加一行文字。再次点击"插入"菜单，在下拉菜单中这次选择"文本"，在视图中会出现"文本"两个字，但是它太小了，显示的位置也不符合要求，所以还要移动。在工具条里面选择"选择元素"工具，把鼠标移到视图中的"文本"上面，鼠标会变成一个"十"字图标，按住鼠标左键不动就可以挪到"文本"。

> 如果要对"文本"进行更改，可以右键单击"文本"；
> 弹出下拉菜单后选择"属性"选项；
> 弹出"属性"对话框，对内容、字体大小进行更改。

要更改字体，同样是点击"属性"对话框里的"更改符号"按钮，在里边选择和设置。整个图面的字体最好保持一致，本例中整个图里面都是用的一个字体"微软雅黑"，所以在这里也把它更改为"微软雅黑"，大小可以改成 20，然后点击"确定"按钮。

图题设置完后在布局视图中的显示效果

第 18 节　创建数据排序图

本节介绍给地图添加数据排序图。
创建图：
- 点击"视图"菜单；
- 弹出下拉菜单选择"图"选项；
- 弹出二级下拉菜单点击"创建"选项；
- 弹出"创建图向导"对话框，开始创建一个数据排序的图。

创建图的过程和设置界面

在"创建图向导"对话框中，"图类型"选择"水平条块"的数据排序以及制图方式，"图层/表"选择"分区人口"，"值字段"选择"人口密度"。这种制图出图的方式和 Excel 里成图的方式有些类似，所以也可以把 ArcGIS 里的属性表数据导出到 Excel 里再去成图也是可以的。这里先给读者示范一下怎么在 ArcGIS 里直接做统计图。

做好上述设置之后，图就已经出来了，但这个图看起来比较粗糙，不是特别精美，所以要进行调整。我们希望它是一个统计图排序，所以要再进行处理，"y 字段"选择"人口密度"，然后选择"升序"。

现在可以看到数据就是按大小顺序排列的，再把其他的一些细节也调整一下。如条块太粗了，不是特别精细，所以把"条块大小"这里的默认值 70 改成 30，这样小一点看起来更为精致，特别是当数据比较多的时候。

然后点击"下一步"按钮，这里有一个标题，把它改成"人口密度排序图"。下面是人口密度，可以加一个单位，最后点击"完成"按钮，视图中就出现了排序图。

导出图：这个图可以直接导出作为一张独立的图。
- 右键点击图的右边空白处；
- 弹出的下拉菜单中点击"导出"选项；
- 弹出的"导出"对话框中选择图片格式和保存目录。

添加到布局：这个图也可以直接添加到布局视图中。
- 右键点击图的右边空白处；

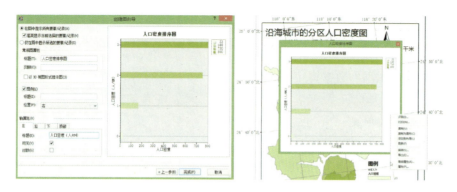

图创建和设置后的显示效果

> 弹出的下拉菜单中点击"添加到布局"选项,可以看到在布局视图里就已经有这么一张图了,然后把原来视图中的"人口密度排序图"窗口关闭;
> 如果要对加入视图中的"人口密度排序图"进行修改和编辑,可以右键点击该图;
> 弹出的下拉菜单中选择"属性"选项;
> 进入"属性"对话框,然后调整属性。

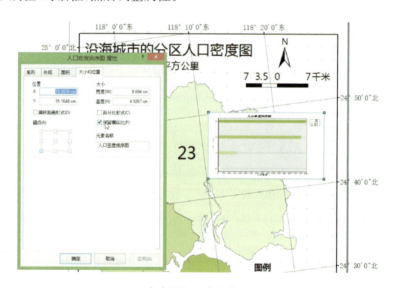

在布局视图中调整图

调整大小:进入"属性"对话框之后,默认勾选了"保留纵横比",要取消勾选才能进行调整,点击"应用"按钮后视图中的排序图就多了调整节点,然后点击"确定"按钮,在视图中的排序图上就可以拖住鼠标左键不放向下拉,然后左右拉,就可以调整宽度和高度了。

调整布局:当然这里的这些数字都太小了,不是特别清楚,这些调整也可以在"属性"对话框进行调整,这里就不再示范,大家可以自己去尝试。这里重点要说的是排序图跟原来地图布局上的一些冲突和调整。要避免排序图遮挡后面的主图,就要缩小主图,给排序图留出一定的空间。

缩小的方式前面讲过多次,这里再简单讲一下。在 ArcMap 界面上方的工具条里找到

放大或缩小工具 ，用缩小工具在图框中点一下,主图就会变小。配合平移工具 让主图大小调整到位,给右边的排序图留出空位。

打开格网: 如果希望"人口密度排序图"跟图例对齐,要怎么操作呢?这里得把参考格网点打开,有利于对齐。操作方式是在视图空白处点击右键,弹出下拉菜单点击"格网"选项,视图中就会出现网点。要关闭格网也是同样的操作方式。

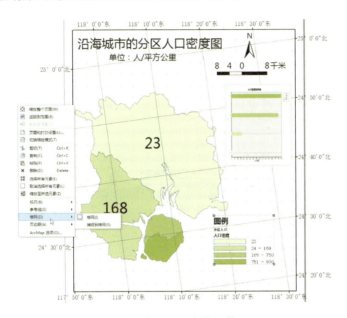

图在布局视图中的调整

出现格网之后,就可以反复调整图例、比例尺和排序图的大小及位置,让它们对齐,并且在视图中比例协调,让整个图面看起来大小合适。具体过程没有新的内容需要讲,读者可以自己多尝试、多练习,做到熟能生巧。

第 19 节　图的设置和调整(一)

上一节介绍了怎么在地图里添加一个数据排序图,但在添加过程中,有一些细节的问题没有讲得很清楚,如数据排序图里的文字及坐标轴里的一些内容就特别小、不清晰,该如何调整?又如条状图的颜色、大小以及背景色,又该怎样去调整?这样的一些操作都需要在属性里面来完成。

但是,当把创建的原图导入布局图,并且关闭了原图之后,是不能再进行属性设置操作的,如果需要编辑,就需要重新来做。所以这里再次示范一下。

- 首先把视图里的这张图先删掉,再点击"视图"菜单;
- 弹出下拉菜单选择"图"选项;
- 弹出二级下拉菜单点击"创建"选项;

➢ 弹出"创建图向导"对话框,开始创建一个数据排序的图,这是前面的重复内容,不再细说。

编辑图:创建好之后,要怎样来对它进行编辑?需要用鼠标右键点击该图,弹出下拉菜单选择"高级属性"选项,大家注意到这个地方是要选"高级属性",而不是选"属性"。

如果在这个下拉菜单里选择"添加到布局",在布局里面就可以看到刚刚已经放好的这张图,但是在这个图里点击右键弹出的下拉菜单里只有"属性"没有"高级属性",所以这样是不行的,应先把此图删掉。

保存图:总之,如果统计图已经添加到布局里,是不能进入"高级属性"的。那怎么办呢?这时就需要右键点击该图,弹出下拉菜单选择"保存"选项,注意不是之前操作中的"导出"选项。保存的时候就把它命名为"分区人口密度排序",这样就可以随时再把之前已经保存好的文件调出来。

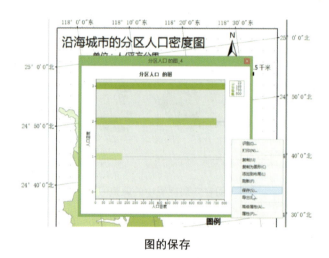

图的保存

加载图:步骤如下:

➢ 点击"视图"菜单;

➢ 弹出下拉菜单选择"图"选项;

➢ 弹出二级下拉菜单点击"加载"选项,就可以把前面保存的"分区人口密度排序"这个图加进来,这样就可以再次进行编辑了。

调整图:右键点击该图,弹出下拉菜单选择"高级属性"选项,在弹出的对话框中就可以进行编辑。需要改变什么,则根据作图时候的需要而定。一般的常见问题有字体、背景颜色等,这些内容读者自己都可以去尝试一下,比较简单,这里不再赘述。

第20节　图的设置和调整(二)

创建图:如以"水体周长大于10"这个图层为例,右键点击图层名称打开属性表,在属性表左上角点击"表选项"弹出下拉菜单,选择"创建图"选项,弹出"创建图向导"对话框。创建

在属性表中创建图

图的方式在前面也给大家讲过,这里再介绍一些新的方法。如第一个是"图类型",有很多个选项,上一次使用的是水平条柱,这次选择竖直柱状图这一常见的方式。

然后字段选择周长、面积都可以,选完之后柱状图很快就会出来。

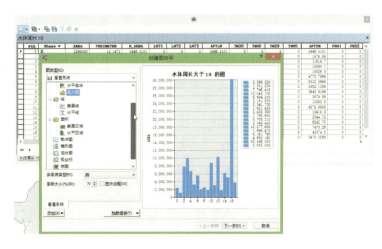

对图的设置

调整设置:接下来对其进行更改。如果觉得不需要柱状图,可以把它改为另外一些比较常见的图,如散点图。再一次选择周长字段,就会出现散点图。

从图中可见,y 轴字段对应的是周长,那么 x 轴也可以指定,把它指定为一般的序号 FID 就可以,然后可以看到在 x 轴下面就出现了数字编号。y 轴是在左边还是右边也是可以切换的,如果选择右边,y 轴就到图的右边来了。通常是 y 轴在左边,x 轴在下边。

还可以在散点图的每一个数据点上显示具体的数据,也就是将"添加图例"项和"显示标注"前面的方框勾选起来。

颜色也可以设置,颜色默认是图层匹配,亦即图层里是什么颜色,图表里面也是什么颜色,也可以进行自定义。散点的形状也是可以改变的,默认的是方块,可以把它改成圆形或者三角形,当然大小也可以设置,就不再一一赘述。

最后点击"下一步",这里也可以设置标题名称、轴的名称等。点击"完成"按钮之后就生

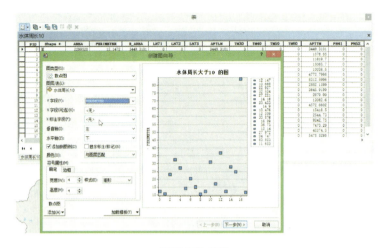

调整为散点图

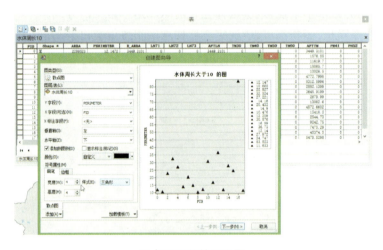

散点图不同效果设置

成了一张图,该图可以保存,具体的数字大小设置等前面章节中也已经讲得很清楚了,这里就不再重复。

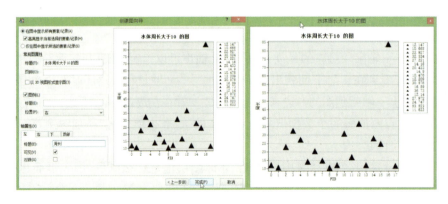

图的调整和各类效果设置

第 21 节　地图添加文字注释

前面章节介绍了怎么在地图上做一些文字标记,如可以通过插入的方式在图上添加标题和一些文字。但是如果要在地图上添加一些特殊的文字,这种方式就是不合适的。

什么是特殊的方式?通常添加一横排文字,这个比较简单,没有问题。但是如果想沿着曲折的边界线添加跟着曲线走的文字,就比较麻烦。通过插入"文本"是很难实现的,所以要使用其他工具。这里再介绍一个新的工具,要调出该工具和前面调出"编辑器"工具条是一样的,这里再回顾一下前面的知识。

打开"绘图"工具:

➢ 在 ArcMap 界面上方的工具条空白处单击右键。

➢ 弹出下拉菜单选择"绘图"选项,然后"绘图"工具条就会跳出来,出现在视图中,跳出来之后首先来添加文字,单击"绘图"工具条里的"新建文本"按钮 ,之后鼠标的光标会变成一个大写的 A,在视图中单击一下鼠标左键,就新建了一个文本。

➢ 然后点击"选择元素"工具 ,选中文本,右键单击文本。

➢ 弹出下拉菜单选择"属性"选项,可以在里面设置文本内容和字体等,这个过程已经操作过很多遍,此处不再赘述。

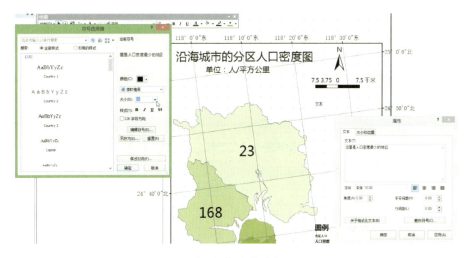

地图添加文字注释

添加曲线: 接下来在"绘图"工具条上点击添加曲线按钮 ,然后按住鼠标左键在视图中根据需要拖拽一条曲线。

当然也可以对曲线进行编辑和调整,编辑的方式和很多属性操作都是一样的,右键单击曲线,弹出下拉菜单选择"属性"选项,就可以对宽度、颜色进行调整。

前面画的线不是特别好看,可以把它删掉,再采取其他的画线方式。这一次在"绘图"工具条中选择折线 。选择该工具之后首先在视图上单击一下,这就是一个起点了,然后依次按需要单击第二个点、第三个点……画完之后双击就结束了线的绘制。如果要调整线型可

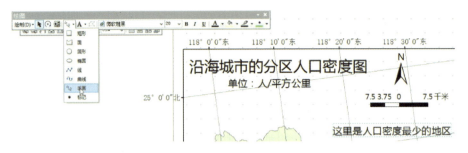

地图添加文字注释结果

地图添加文字注释的指示曲线

以单击右键,弹出下拉菜单选择"属性",设置宽度和颜色。

接下来想把文字放到一个框里面,比如说就画一个椭圆,注意框画出来之后,可能会把后面文字给挡住,所以需要在文字上单击右键,弹出下拉菜单选择"顺序",弹出二级下拉菜单选择"置于顶层"选项,然后再把椭圆拖上去就可以了。

地图添加文字注释后的图层顺序调整

这样就创建了标注,当然好的效果需要慢慢细调,这里只是示范讲解怎样添加一些线条、文字等。

第 22 节　让文字跟随曲线

接下来介绍怎样生成能够跟随曲线的文字。

首先要在"绘图"工具条上面找到"文字"按钮 ，单击旁边的三角弹出下拉菜单，选择第二个选项"样条化文本"，它可以让文字跟随线条走。

地图添加文字

先单击一下产生一个起点，然后点击产生第二个点，按照需要依次单击多个点，最后双击结束曲线的绘制，结束的时候就会产生一个文本框，里边有文字，可以对文字进行编辑和输入，内容自定。输完之后，再点击"选择元素"工具，选中输入的曲线文字之后单击右键，弹出下拉菜单选择"属性"选项，进行属性设置。

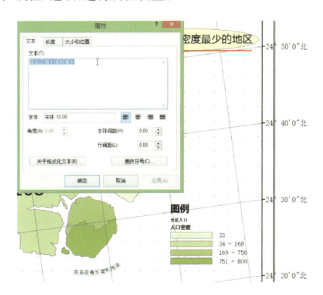

地图添加文字显示效果设置

以文字为例，更改文字属性要点击"更改符号"这个按钮。字体大小设置为 20，还可以对字符间距、行间距（调大成 5）进行设置。然后点击"应用"按钮，就可以看到文字现在就沿着曲线走，并且文字之间的距离也是比较大的。最后再用"选择元素"工具把文字在视图中挪一挪（按住鼠标左键不放），直到位置合适。

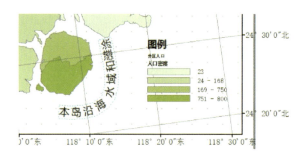

地图添加曲线文字效果

第 23 节　标注的添加

前面介绍了怎样用折线曲线加文字辅助方式进行标记,在"绘图"工具条上还有一种标注方式,本节介绍对该工具的运用。

"绘图"工具条上点击文本按钮 **A**·右边的三角,弹出下拉菜单选择"注释"选项,在视图中按住鼠标左键,然后拖动,就可以做出来一个标记,然后添加文本。

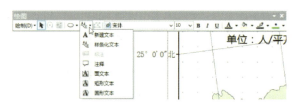

地图添加文字标注

注释一旦创建完毕,也可以对它进行编辑,这个操作跟其他元素一样。首先,注释指向了一个目标点,用"选择元素"工具可以把目标点挪到其他地方,如挪到小岛上来,然后再把文本框也挪下来,之后如果要在文本框内进行文本的输入和编辑,可以右键点击文本框,弹出下拉菜单选择"属性"选项,再对文本的内容进行编辑。

地图添加文字标注的显示效果设置

设置完文本内容和字体属性之后点击"确定"按钮,就实现了对地图上某一部分的标记,当然还可以进行更多的属性调整和编辑,只要知道怎样进行编辑,剩下的一些细节大家自己琢磨尝试就可以了,比较简单,这里就不再一一介绍。

第 24 节　图例的曲线表达

前面介绍了怎么在地图上进行标注和注释,这里再介绍一下图例里一些特殊的编辑方式。如通常表达铁路道路用的是直线,但是有时希望这样的一些图例能更加直观一点,道路能否用曲线来表达呢? 本节就在地图里把道路的图例显示修改一下。

线以曲线显示:

➤ 右键点击图例;

➤ 弹出下拉菜单选择"属性"选项;

➤ 在弹出的"图例属性"对话框左边"线"选项右边左键单击点一下三角符号 ,在弹出的下拉选项中选曲线,然后点击"应用"按钮。

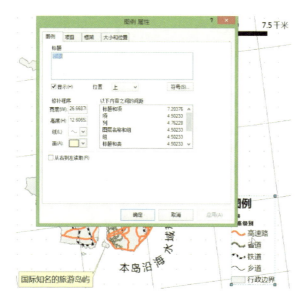

图例的曲线化表达

点击"应用"按钮之后,就可以看到图例中道路就呈现曲线表达,看起来就更加直观。图例的这种表达方式用来表达湖泊、池塘、水域都会比较生动。所以这里再示范一下水体图例怎样标注。

先把道路关掉,再把行政边界图层打开,添加一个水体图层,这些操作在第一节课中就介绍过了,就不再重复细讲。

水体文件添加进来之后,默认的颜色可能不是蓝色,如果要对颜色进行调整和设置,可以在 ArcMap 界面左边内容列表里图层名称下点击颜色方块,就可以进入"符号选择器"对话框对颜色进行调整,一般水体是用蓝色。

本例中整个图的背景(行政边界图层)是浅灰色,如果水体图层用浅蓝色,则它和背景色的颜色色差不大,整个图面的色彩会比较和谐,这是浅蓝色的优点,它的缺点是对比不是很强烈。所以水体可以使用深一点的蓝色,如天蓝色或湖蓝色。换深一些的蓝色之后就会发现整个图面的感觉不一样,因为现在具有中等浓度的蓝色和背景的浅灰色之间形成了很强的对比。

面以曲线显示:

➢ 右键点击图例;

➢ 弹出下拉菜单选择"属性"选项;

➢ 在弹出的"图例属性"对话框左边"面"选项右边三角符号 ⌄ 上左键单击点一下,在弹出的下拉选项中选曲线,然后点击"应用"按钮,这时就会发现视图中的水体图例已经变成曲线显示了。

图例中面的曲线化表达

第三章
属性表操作与编辑

第 25 节　属性表字段名称的编辑修改

属性数据是描述特定地理要素特征的定性或定量指标,如公路的等级、宽度、起点、终点等。前面章节中我们想对属性表某些字段(定性或定量指标)进行自定义,这样的操作怎样去实现?

首先右键图层名称,在下拉菜单中选择"打开属性表",怎么把"2010"这个字段名称改成一个中文的"人口密度"名称呢?

打开"编辑器"工具条: 要对属性表进行操作,首先要进入编辑模式。怎样进入编辑模式? 就要调出编辑器。怎样调出编辑器? 需要在界面上面工具条的空白处单击右键,弹出下拉菜单,然后找到"编辑器"选项并点击,就打开了"编辑器"工具条。

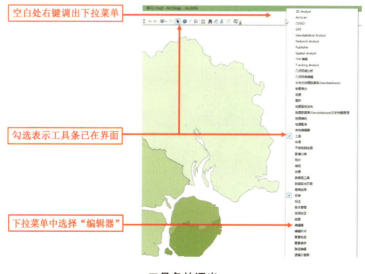

工具条的调出

修改字段名称：选择编辑器之后，就可以看到编辑器的工具条，就可以对属性表进行编辑了。

> 点击编辑器工具条的"编辑器"按钮；
> 弹出下拉菜单，点击"开始编辑"选项；
> 图层名称上右键打开下拉菜单并选择"打开属性表"；
> 在属性表中右键字段名打开下拉菜单选择"属性"；
> 弹出"字段"属性对话框，在这里就有一个名称和别名，把"别名"修改为"人口密度"。

属性表"字段属性"的查看和修改

修改完之后，可以看到属性表里的名称显示已经被改变了，并且此时还可以更改属性表里具体的数据，如对人口密度数据进行输入更新。

> 修改完字段名称和更新完字段数据后，再点击编辑器工具条的"编辑器"按钮；
> 弹出下拉菜单，点击"保存编辑内容"选项；
> 点击"停止编辑"选项，这样就完成了对属性表字段名称的更改和数据的更新修改。

重设分级数据：

> 关闭属性表；
> 关闭编辑器；
> 双击图层名称打开"图层属性"对话框；
> 选择"符号系统"选项卡；
> 左键点击"数量"展开下拉选项；
> 点击"分级色彩"，这一次就可以看到右边字段的下拉选项里有了"人口密度"这个字段，就可以选择它来进行分类了。

第 26 节　属性表字段数据的编辑录入

前面说到小镇的点符号,我们希望按照它的面积大小来进行数据的分级符号显示。但是数据表里面只有一个面积数据,而我们希望所有的面积数据都能够显示出来。本节介绍如何手动录入数据。

调出"编辑器"工具条：首先要进入编辑模式。

> 在界面上方工具条空白处右键点击；
> 下拉菜单选择"编辑器"；
> 调出"编辑器"工具条。

如果不需要对上面工具条进行显示,也可以采用同样的方式在下拉菜单中取消对相关工具条的勾选。

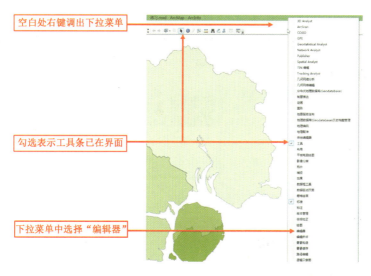

编辑器工具条的调出

在操作数据时也会有误操作,如把工具条关掉了,又不知道从哪里打开。此时就可以在工具条上面右键点击,弹出下拉菜单选择"工具"选项,它就出来了。

编辑属性表数据：

在"编辑器"工具条里左键点击"编辑器",下拉菜单里选"开始编辑"。开始编辑之后,就可以对属性表内的数据进行编辑。右键点击图层名称,下拉菜单选择"打开属性表","AREA"面积字段有 5 个数据点。每一个镇的面积数据需要查询相关资料就可以获得,这里作为案例演示,可以输入几个示意数据,如 300、200、100、10、5。录入完后再在"编辑器"工具条里点击"编辑器",下拉菜单里选"保存编辑内容",再一次在下拉菜单里选"停止编辑",这个过程就完成了。

在对实际城市经济数据进行分析的时候,每个镇、区、市、省的数据可以通过查阅各个地区的统计局数据来获取。

分级符号显示：
- 先把数据表关闭,再把编辑器关闭。
- 在 ArcMap 界面左边内容列表双击图层名称;
- 弹出"图层属性"对话框,选择"符号系统"选项卡;
- 左边"显示"列表点"数量"展开下拉选项;
- 选择"分级符号";
- 右边"字段"里选"AREA";
- 分类里选 5 级来显示。

为什么要选择 5 级？因为现在属性表里"AREA"（面积）数据经过人工录入之后,每个数据都是不一样的,所以要把它进行分级显示。点击"应用"按钮之后就可以看到,视图中采用"自然断裂法"分出了 5 类大小分级显示。

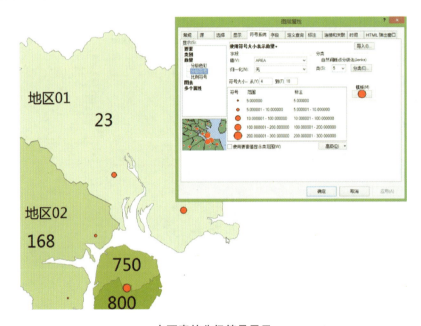

点要素的分级符号显示

第 27 节 属性表的字段操作（一）

前面介绍了图例的特殊标识方式,并且调出了一个新的图层"水体",它也是一个以块面为特征的矢量文件,本节就以水体文件图层的属性表为例,介绍有关属性表的一些操作。

视图切换： 首先从布局视图切换到数据视图,切换的方式是在视图左下角把鼠标放上去,会显示"数据视图"字样,单击图标,就可以回到数据视图。

在数据视图中可以看到灰色背景的是行政边界,蓝色的是水体,此处要以水体为例讲解一下关于属性表的编辑。

打开属性表：在 ArcMap 界面左边内容列表下找到水体这个图层，然后右键点击图层名称，弹出下拉菜单选择"打开属性表"选项，打开属性表后可以看到水体图层有非常多的字段在属性表里，每一个字段下都包含很多数据。

调整字段顺序：首先调整一下字段顺序，找到字段，鼠标左键按住"FID"字段向左拖拽就可以调整字段到左边，序号一般都在最左边。然后拖动属性表右边的滑块往下，可以看到有 100 多个数据。如果要选中面积最大的一个数据，则先要对数据按照面积大小进行排序，这样数据会比较容易观察一点。

修改字段别名：如果要让数据按照面积排序，则首先找一个字段计算面积数据，这里有一个叫"AREA"的列，如果要让数据按照面积做降序或者升序排列，就在数据字段名上右键点击，弹出下拉菜单选择"升序排序"选项。

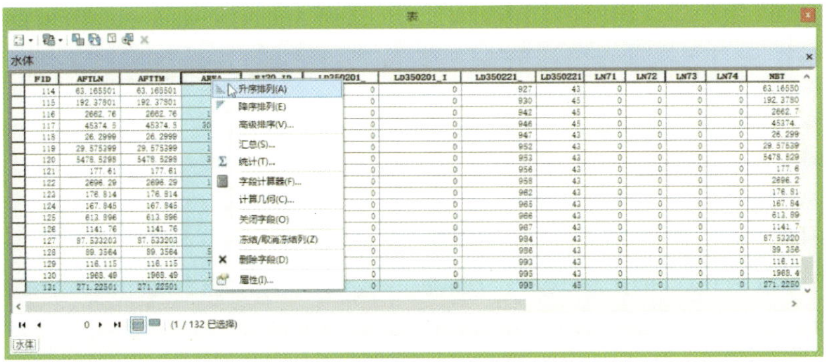

属性表数据的数据排序

这样"AREA"字段里所有的数据就按照从小到大排列了，然后找到最后一行数据，点击属性表最左边的方块，整个一行就会高亮显示（浅蓝色背景），并且在视图中被选中的斑块边界也呈高亮显示。

如果觉得英文名在阅读或者编辑的时候不是很方便，也可以右键点击字段名，弹出下拉菜单选择"属性"选项，弹出"字段属性"对话框，这里对别名进行重命名，可以改成"水体面积"，点击"应用"和"确定"按钮。这时可以看到原来"AREA"这一列的字段名已经变成"水体面积"，这样查找或者观察就方便很多。

冻结字段：如果要查找其他属性，可以往右拖属性表水平滑块，但在拖动中会发现"水体面积"字段数据看不到了，这时就可以把"水体面积"这一列冻结。右键点击"水体面积"字段名，弹出下拉菜单选择"冻结"选项，之后再往右拉水平滑块的时候就会看到，"水体面积"字段数据始终都是可以看得到的。取消冻结的操作方式是一样的，就不再赘述。

观察一下数据属性表，发现字段太多了，有的数据对于当前操作不方便，这时就需要将一些暂时不需要查看的字段关闭。关闭数据的方式是在要关闭的数据字段名上右键点击，弹出下拉菜单选择"关闭字段"选项。

怎么样取消对一些字段的关闭呢？字段名上右键点击，弹出下拉菜单是没有"取消关闭字段"这个选项的，这时候就需要进入"图层属性"里去设置了。

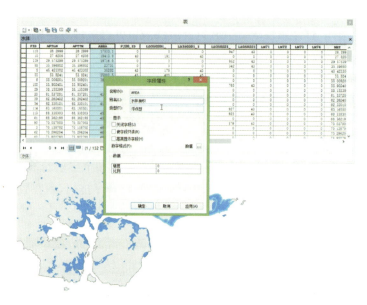

属性表数据的字段属性修改

字段可见设置：在 ArcMap 界面左边内容列表中双击这个图层名称，弹出"图层属性"对话框，会有很多选项卡，之前主要在"符号系统"选项卡里面设置和操作，这一次选择"字段"选项卡。可以看到"字段"选项卡里面有很多字段名称和选框。

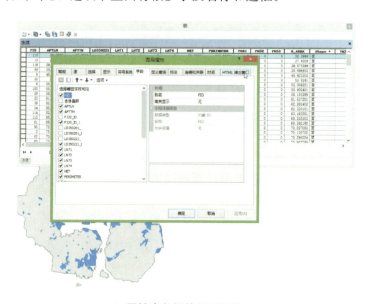

属性表数据的显示设置

这些字段中，第一个是 FID，是序列编号，第二个是"水体面积"，看到"水体面积"前面的方框没有被勾选，也就是说现在它是没有在属性表里显示出来的，如果需要"水体面积"字段显示出来，就可以勾选它，然后再点击"应用"按钮。确定之后再来看一下属性表，可见第二列就已经显示出来了。

字段排序设置：同样的，也可以在"字段"选项卡里面对字段进行重新排列，如找到 PERIMETER（周长）字段，可以把这个字段上移，方便观察、查询。

➢ 单击 PERIMETER；

➢ 底色变为蓝色呈选中状态；

➢ 点击上移按钮，就会把它往上移，这样就方便观察数据，最后点击"确定"按钮就可以了。

再来观察属性表，可以看到第一列是编号 FID，第二列是"水体面积"，第三列是 PERIMETER。

第 28 节　属性表的字段操作（二）

修改字段名：

➢ 把 PERIMETER 字段名改成中文，先在属性表中"PERIMETER"字段名上右键单击；

➢ 弹出下拉菜单选择"属性"选项；

➢ 弹出"字段属性"对话框将字段别名改为"周长"。

有时发现属性表里字段很多，需要关闭字段显示，这是前面介绍的内容。但有时候也会发现字段数据还不够，比如我们去采样水体，测量了水体里一些化合物的含量，要给每一个斑块矢量数据增加新的属性数据，就要把这些采样数据录入属性表里面，这时就需要增加字段。

添加字段：

➢ 在属性表里点击左上角"表选项"按钮；

➢ 弹出下拉菜单选择"添加字段"选项；

➢ 弹出"添加字段"对话框。

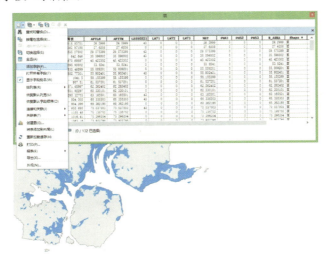

属性表数据添加字段

设置字段:在"添加字段"对话框中,可以设置字段名称,如"含磷量",数据的类型就选择"浮点型","浮点型"数据可以是小数,然后点击"确定"按钮。

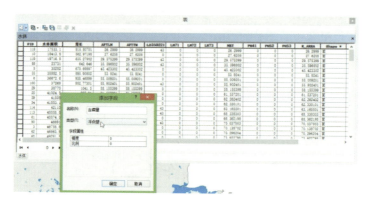

属性表数据添加字段的设置

再把属性表中下面水平滑块往右拖,就可以在最右边看到多了一个新的字段,它的名称叫"含磷量"。如果要在这里进行数据的录入,就得在编辑器的模式下进行,进入编辑器的方法前面已经介绍过,这里再简单复习一遍。

输入数据:

➢ 在 ArcMap 界面上方的工具条空白处右键点击;

➢ 弹出下拉菜单选择"编辑器"选项,这时"编辑器"工具条就跳到界面视图了;

➢ 点击"编辑器"按钮;

➢ 在下拉菜单中选择"开始编辑",在编辑器模式下就可以对"含磷量"数据进行录入,要录入的数据是采集到的调研数据,在"含磷量"这一列里对应的空格中就可以输入数据。

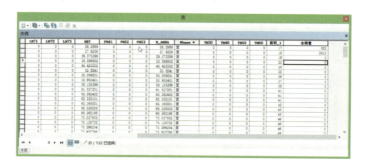

属性表数据添加字段的结果

在本节教学示范的时候,数据不一定要非常具体和真实。读者在做学术研究的时候要把自己真正采集到的数据样本对应数据斑块——真实录入。

➢ 录入完数据后,一定要在"编辑器"工具条左边点击"编辑器"按钮;

➢ 在下拉菜单中选择"保存编辑内容"选项;

➢ 最后再一次点击"编辑器"按钮;

➢ 在下拉菜单中选择"停止编辑"选项,如此才能把"编辑器"工具条关闭,即先保存、后退出,否则会发生数据丢失,工作就白做了。

此外,如果需要对数据进行更改,也要在编辑器模式下操作。此时再看看属性表,第一列是序号,第二列是面积,第三列是周长。如果觉得这里周长数据显示得太长了,则可以换成"千米"来显示。

更改单位:
➢ 右键点击字段名;
➢ 弹出下拉菜单选择"计算几何"选项;
➢ 弹出"计算几何"对话框。

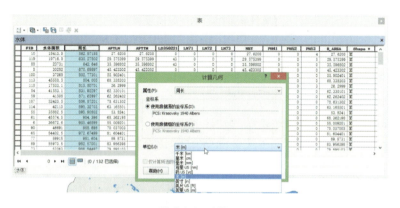

属性表数据计算几何

"计算几何"对话框中"属性"一栏选"周长","单位"选"千米",然后点击"确定"按钮。经过重新计算之后,可以看到属性表中"周长"字段下的数据很多都变成了小数,这样就对数据进行了重新处理。

第 29 节　属性表里添加字段并计算数据

这节课介绍属性表里数据的计算。

添加字段:前面介绍过怎样给属性表增加新的字段,现在就用此法新增加一个字段。
➢ 右键点击"水体周长 10"图层名称;
➢ 弹出下拉菜单选择"打开属性表"选项;
➢ 弹出属性表;
➢ 在属性表左上角点击"表选项"图标;
➢ 弹出下拉菜单,选择"添加字段"选项;
➢ 弹出"添加字段"对话框;
➢ 这一次添加的字段是"面积周长比","类型"选择"浮点型",浮点型数据可以有小数。

计算数据:把属性表下面的水平滑块往右边拉动,可以看到出现了一个新的字段"面积周长比",这里的数据如果需要手工录入,就得在编辑器模式下录入数据。怎么样调出编辑

属性表数据添加字段的设置

器工具条前面已经讲过很多遍了,这里就不再细述。这里再介绍怎样从其他字段数据通过公式运算获取新增加字段的数据。

➤ 右键点击"面积周长比"字段名;
➤ 弹出下拉菜单选择"字段计算器"选项;
➤ 弹出"字段计算器"对话框,在这里设置公式,计算数据。

属性表数据字段计算器的使用

这个对话框跟前面按照属性数据进行筛选有点相似,也有一些差别。如前面按数据筛选里有一个数据库的语句,设置数据筛选的条件。而这里显示的是"面积周长比=",其意思是新增加的字段是"面积周长比","="后应该跟的是一个公式。既然是"面积周长比",就要用面积数据和周长数据之比来作为"面积周长比"字段里的数据,也就是用一个公式计算前面数据获得结果,再放到现在的字段里去。

该对话框上面有一个解析程序"VB 脚本",下面输入框中有[AREA]/[PERIMETER]。也就是说"[AREA]/[PERIMETER]"是基于 VB 脚本语言的。VB 是微软推出的一种计算机语言,"VB 脚本"旁边的 Python 语言也是现在比较流行的计算机语言。

输入框中"[AREA]/[PERIMETER]"的计算公式也可以更改,操作方法是选择字段并设置计算方式。字段的选择就是双击"字段"下的字段选项,字段名就会出现在下面的输入框中,成为公式中的变量。然后再设置运算符号,可以直接输入,也可以点击对话框中的运算符号按钮。需要常见的一些函数,也可以双击"功能"下的函数选项。设置完字段变量和计算方式之后,点击"确定"按钮就行了。

这里是给大家做一个示范,所以公式不会特别复杂,如果自己在工作中有特殊需要,就可以编写比较复杂的公式进行数据运算。这里示范的"面积周长比"有没有意义呢?大家可以想想,通常是面积越大,周长也越大,看似很简单的一个问题,不过在面积相同的情况下,周长也会不一样。面积相同,周长越大则说明图形的异形程度越复杂。简单来说,六角形相对于圆形和四边形就是一个异形,边越多,形态越复杂,相同面积下周长也就越长。所以计算"面积周长比"还是有一定意义的,通过这个数据就可以测度斑块图形的异形程度。

点击"确定"按钮,可以看到"面积周长比"这个数据就被自动计算出来了,所以这里对前面的数据进行计算产生了新的数据。这个操作也可以在 Excel 或者 SPSS 里完成,这里就示范一下在 ArcGIS 里怎样把这种数据统计出来,并且可以立即在空间分析图里进行展现,比导出到其他软件进行数据计算方便简单很多。

属性表数据添加字段后数据的生成

当然,把数据计算出来之后,也可以对这些数据进行统计,如创建图表等,这一部分前面已经讲过了,这里就不再重复。

第 30 节　属性表中数据排序、选择和导出

把水体数据中周长大于 10 千米的数据都选中。操作方式有两种:一种是用"查询构建器"进行操作,这个在前面章节中有所介绍,以后有机会也还会介绍;另一种是直接在属性表中最左边一列的滑块上按住鼠标左键向下拖就可以选中很多行数据。

这样的操作有什么意义?不仅仅是为了观察大于 10 千米的数据,还有其他意义。最简单的,可以对所选的数据进行新的分析,所谓新的分析是把选出来的数据存为一个新的独立文件,再重新加载到软件中作为一个单独的图层。加载进来后由于是独立的图层和文件,和原来水体图层已经没有太大关系了,可以有很多独立操作。

导出数据:
➢ 选中周长大于 10 千米的数据;
➢ 在 ArcMap 界面左边内容列表里右键点击水体图层名称;

➤ 弹出下拉菜单选择"导出数据"选项；
➤ 弹出"导出数据"对话框，直接自动切换到工作目录和文件夹里，把文件名修改一下。

根据属性表数据筛选数据并导出

设置完后，在"导出数据"对话框中单击"确定"按钮，这时会弹出对话框询问是否要将导出数据直接添加到图层里（直接加载并在视图中显示出来）。因为后面还有操作，所以我们点击"是"按钮，当然也可以选"否"，选"否"会只存到工作目录里，然后可以手动把它添加到软件里。

点击"是"后，数据会被添加进来，就会看到在视图里有边界高亮显示（浅蓝色）的一些斑块，这就是新产生和加载的数据，这些数据是从原来水体图层的斑块数据里"复制"过来的。注意：这些数据看似是"复制"过来的，但实际上是先有数据筛选，然后才有数据创建，最后又加载进来。

在 ArcMap 界面左边内容列表中可见现在已经有了一个新的图层，图层名称为"水体周长 10"，这就是新建的图层，它是一个独立的文件。把现在的数据表关掉，因为这是原来水体图层的数据。

现在大家读起来可能还是有一点绕，怎么既有新的又有旧的？当把旧图层（"水体"图层）去掉勾选之后，再观察视图中的数据显示变化，就比较清楚了。

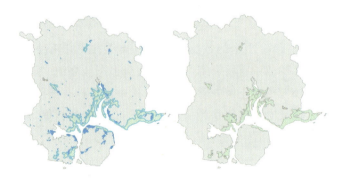

数据筛选前后对比

为了方便显示，也可以再对新加载图层（水体周长 10）的颜色进行处理，一般默认色不是特别清楚。设置图层颜色的方式前面已经讲过很多遍了，这里就不再重复。把原来的水体图层设置为浅蓝色,把新的"水体周长10"图层设置为深蓝色,要注意制图的合理和美观。

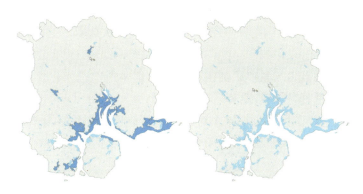

导出后数据的符号化显示

第 31 节　属性表中按属性选择数据

对周长数据重新以千米为单位统计后,就会发现属性表中每一个数据的小数位数太多了,对于目前的教学示范可能帮助不是很大。因为在精度要求不是特别高的情况下,没有必要显示小数点后面很多位,所以本节介绍这部分的重新设置。

调整小数位数:
➢ 在字段名"周长"上点击右键;
➢ 弹出下拉菜单选择"属性"选项;
➢ 弹出"字段属性"对话框,在这里设定一下小数点之后的位数。设置位数是点击"数字格式"后面的按钮,弹出"数值格式"对话框,在这里可以看到第三个选项就是"数值",这和 Excel 里的数字显示是差不多的。在数值这个选项里,把小数位数缩小到三位,然后再点击"确定"按钮。

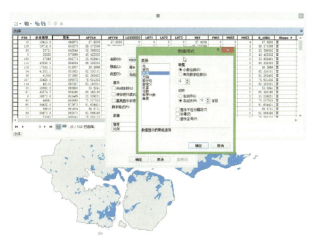

属性表数据的显示设置

修改完之后就可以看到属性表中数据小数点后只有三位小数。

筛选数据： 接下来要对水体图层所有的数据做筛选，如筛选出"周长大于等于10千米"的数据都有哪些。前一节介绍了一种方法，即先排序再一次选取。这里再介绍第二种方法，即用选择器筛选数据。

➢ 在属性表左上角点击"表选项"按钮；

➢ 弹出下拉菜单选择"按属性选择"选项；

➢ 弹出"按属性选择"对话框，在这个对话框里可以通过各种字段来确定需要选择的数据，在这里我们是要找周长大于等于10千米的数据。

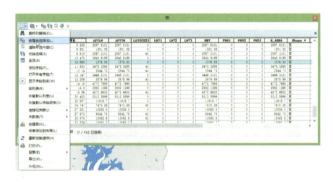

根据属性表数据筛选数据

设置语句： 在"按属性选择"对话框"方法"下面找字段，但是里面没有"周长"字段。虽然前面我们改了字段的别名为"周长"，但是最初的名字依然是"PERIMETER"。所以再一次选择"PERIMETER"，以它下面的数据做筛选，此时单击"PERIMETER"是选中，双击"PERIMETER"之后就会把它的名称调入下面的输入框中。

输入框上方有一个执行语句"SELECT * FROM 水体 WHERE:"，这是什么意思？这是一个数据库的执行语句，稍微涉及一点数据库查询的知识。这一句数据库查询语句用日常语言翻译过来，大概就是：从水体图层的数据中按照某一个条件进行查询，将查询到的所有数据作为最终选择的数据。是什么条件呢？就是"周长要大于等于10"。

所以在输入框中可以输入如下内容："PERIMETER" >=10。

按属性选择的设置方式

然后点击"应用"按钮,这时就可以看到,属性表里大于等于 10 千米的数据都是高亮显示,同时在地图里可以看到很多的水体斑块也都呈高亮显示,这些斑块的周长都是大于等于 10 千米的,通过数据库查询语句一次就把这些数据全部选中了。

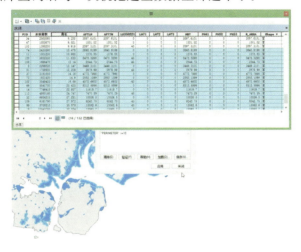

根据属性表数据属性筛选后的数据

第 32 节　数据导出和处理

前面一节介绍了怎样通过数据筛选的方式创建新的文件,满足对特殊数据的分离和分析需求。当然,通过筛选来获取新数据和图层的需求,也可以通过其他方式来实现。前一节是先筛选数据再导出,也可以反过来先把数据导出去建立一个新文件,然后再对里面的数据进行筛选和处理。

导出数据：

- 右键点击水体图层名称；
- 弹出下拉菜单选择"数据"选项；
- 弹出二级下拉菜单选择"导出数据"选项；
- 弹出"导出数据"对话框,设置名称和导出路径就可以了。

图层数据的导出设置

导出数据之后，会弹出一个对话框询问是否要将导出数据添加到工作视图中，点"是"就可以了，已经导出的文件就会自动读取到图层里来。如果点"否"，就需要手动加载数据进来。不管哪种方式，最后会看到左边图层列表里已经有了一个新的图层，名称叫"水体周长20"，它是一个新生成的独立文件。此时新生成的独立文件和最初水体文件是一样的，我们要对这个文件图层进行处理。

在 ArcMap 界面左边内容列表里取消水体图层的勾选，右键"水体周长20"图层名称，弹出下拉菜单选择"属性表"选项，在周长字段上重新计算几何（周长用千米来显示），再对数据做升序排序。这些操作前面章节都有，这里就不详细介绍了。

按属性选择： 把周长小于等于20千米的数据都选出来。

➤ 在属性表左上角点击"表选项"按钮；

➤ 弹出下拉菜单选择"按属性选择"选项；

➤ 弹出"按属性选择"对话框，找到"PERIMETER"字段，设置语句，让周长小于等于20千米的数据都能被选中（"PERIMETER" <=20），最后点击"应用"按钮。

按属性选择的条件设置语句

点击"应用"按钮之后，可以看到在属性表里，小于等于20千米的数据全部都被选中了（浅蓝色高亮显示）。注意：此时一定要在 ArcMap 界面左边内容列表里关掉水体图层（取消勾选），并保证"水体周长20"图层处于勾选状态。可以看到视图中"水体周长20"图层的小斑块边界都呈现高亮显示状态（全都是周长小于等于20千米的数据），然后把这些数据删掉。由于删除这些斑块数据实际上就是对矢量多边形数据进行编辑，因此要进入编辑器模式操作。

删除斑块：

➤ 在 ArcMap 界面上方的工具条空白处右键单击；

➤ 弹出下拉菜单选择"编辑器"选项，这时"编辑器"工具条就弹出到界面视图了；

➤ 点击工具条左边的"编辑器"按钮；

➤ 在弹出的下拉菜单中选择"开始编辑"。

此时视图中"水体周长20"图层的小斑块边界仍然呈高亮显示状态，在任何一个选中的小斑块上右键单击，弹出下拉菜单点击"删除"选项。

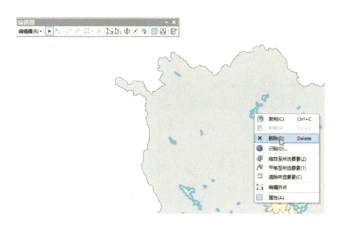

删除选中的数据

删除之后可以看到视图中就只剩下周长较大的这些斑块。
➤ 点击"编辑器"按钮。
➤ 在下拉菜单中选择"保存编辑内容",再次点击"编辑器"按钮。
➤ 在下拉菜单中选择"停止编辑",关掉编辑器工具条就可以了。现在就得到了周长大于 20 千米的所有斑块。
➤ 对不同周长水体图层的颜色进行设置,以示区别。

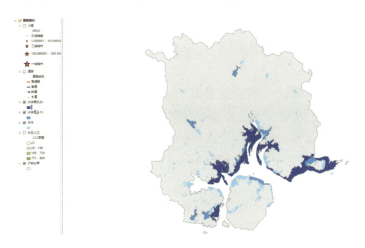

数据经过筛选后的符号化显示

第 33 节　数据导出和复制粘贴的区别

前面章节介绍了对水体数据的分级筛选以及独立文件的创建,有两种思路:一是先筛选,然后再导出;二是先导出,然后再筛选。先筛选再导出示范了怎么按数据属性把符合条件的数据筛选出来,并且导出为文件再添加到视图中。可以自动添加,也可以手动添加。

如果导出后再添加进来，新数据和原来的水体文件是一样的。此时，可能有的读者会想，既然如此，何必导出去又加载进来，不如直接对图层进行数据的复制和粘贴？

复制和粘贴的操作方式如下：

➢ 右键点击水体图层名称；

➢ 弹出下拉菜单选择"复制"选项，完成复制，然后在"图层组"上右键；

➢ 弹出下拉菜单选择"粘贴图层"选项，再对这个图层进行重命名，关掉其他图层，只留下粘贴的图层和开始的水体图层，这时就可以看到新复制粘贴的图层和原来的水体图层是一样的，大家可以反复操作取消勾选和勾选对比看一下。

这里要提醒读者，导出数据和粘贴图层这两个操作看似效果一样，实则二者之间有本质差别。复制粘贴图层操作之后不会在工作目录产生新的独立文件，而导出数据是可以在工作目录产生一个独立文件的。读者可以通过添加数据操作在工作目录中查找一下，即可发现差异。

注意：这是一个非常重要的差别。如果不知道二者之间的差别，就可能带来很多误操作。例如，复制粘贴图层后，看起来好像是在操作粘贴图层，但实际上也同时在操作初始的水体图层。如果在编辑器模式下删掉粘贴图层的某一个斑块，也会影响到水体图层的数据，反复操作"取消勾选"和"勾选"对比看一下两个图层的斑块，会发现两个图层的同位置斑块都不见了。同时也可以通过点击"编辑"菜单里的"撤销删除"和"恢复删除"观察操作结果。

这个操作实验说明，复制粘贴后的两个图层看似是两个图层，实际上是一个图层文件，这和导出数据有非常大的差别。导出的数据再加载进来之后，对其进行编辑操作，是不会影响到其他图层文件的数据的（其他图层不勾选显示的情况下），导出的数据是一个独立的文件。

这里再对前面的内容做一个简要的总结。

前面以水体图层为例，介绍了怎样用数据筛选生成新的文件（导出为独立文件），再把它添加进来，并且也说明了导出和复制是不一样的。筛选数据导出的操作是非常重要、非常实用的基础操作。读者可以想一想，在运用 ArcGIS 做地类分析、地类提取的时候，就可以用这一方式。

当拿到影像数据之后，它是一个栅格数据，需要将栅格转化为矢量。转化为矢量之后，在一个行政边界内，有各种地类数据，如水体、耕地、林地、草地，还有建设用地等。这样的土地利用类型数据都在行政边界范围以内，我们需要做的事情就是把同一个图层里的不同地类数据区分出来，如把建设用地作为一个独立的图层文件，那么这样的结果是怎么来实现的？

在前面给读者讲过的提取方式是把同一个水体图层里的斑块提取为三个图层。同样的，也可以把一个土地利用图层、一个文件提取成多个分地类的独立文件，操作原理是一样的。水体图层的操作是在属性表里以周长字段为分类依据，把一个图层的数据分成了小于10、10～20 和大于等于 20 三类。在地类里，如果给地类属性表添加一个标识类别的字段，就可以根据该字段选择不同地类数据并导出为独立文件。

第 34 节　创建数据报表

当把一个水体文件提取为不同层、不同的独立文件之后，就可以对每一个单独的文件做数据分析了。

导出数据：先把周长大于 20 千米的图层关掉，然后打开周长大于 10 千米的图层属性表。在属性表左上角点击"表选项"按钮，弹出下拉菜单选择"导出"选项，进行数据表的导出。

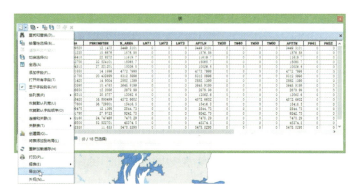

属性表数据的导出

选择"导出"选项之后，弹出"导出数据"对话框，设置名称，找到工作目录设置路径，最后点击"确定"按钮。然后弹出对话框询问是否要把这个表添加到地图，选"否"。导出的数据可以在 Excel 里打开，也可以用 Excel 对里面的数据进行基本的观察和处理分析。

创建报表：

➢ 在属性表左上角点击"表选项"按钮；
➢ 弹出下拉菜单选择"报表"选项；
➢ 弹出二级下拉菜单选择"创建报表"选项；
➢ 弹出"报表向导"对话框。

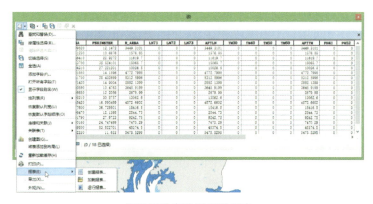

根据属性表数据创建报表

在"报表向导"对话框中,要筛选出报表创建用到的数据,需要对字段做选择。首先肯定要有编号,在"FID"字段上左键单击一下,然后点击对话框中间向右的三角图标 ▶ 。同样的,如果需要面积及周长数据并创建报表来做分析,可单击一下三角图标 ▶ ,让它到右边来。

根据属性表数据创建报表的设置

其他字段的操作跟上面一样,可根据研究需要进行选择,此处不再赘述。最后单击"完成"按钮,这样就创建了一个报表,报表也可以进行打印等。

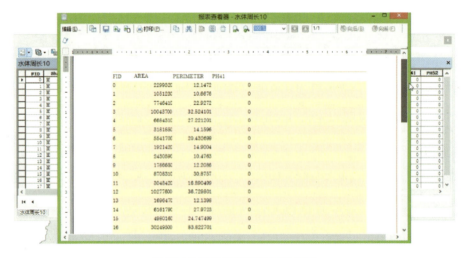

根据属性表数据创建报表的结果

分析应用实验教程 中篇

第四章
矢量数据编辑与属性表

第 35 节　矢量多边形数据的拆分

这节课来做一个综合练习,把前面所讲的内容复习一下。前面几节都是对水体这样的土地利用分类做了示范,在这次复习过程中,采用一个新的地类。

首先在 ArcMap 界面左边内容列表把水体图层取消勾选,让它不要显示。把行政边界数据勾选起来作为背景,然后添加一个新的地类。可以在上面工具条里点击加号 添加数据,也可以在视图右边点击目录之后让它锁定一下,这样进行文件的拖拽比较方便。

在附带数据中找到另外一个地类"居住用地.shp",左键拖动文件把它放到视图中,然后取消工作目录的显示,让它隐藏起来,扩大视图显示范围。

其次对地类的颜色做变更。通常居住用地是用暖色调显示,如浅黄色,当然具体制图过程中要根据制图规范和研究需求而定。这里为了教学示范中方便观看清楚,色彩设置上会相对灵活一些,由于浅黄色和背景这样的浅灰色之间色彩差别不大,很容易混在一起,因此要对颜色进行变更。

更改颜色:可以在 ArcMap 界面左边内容列表的图层名称下单击图层符号图标,弹出"符号选择器"对话框,就可以进行颜色的调整,这个我们操作过很多次,已经很熟悉了,具体细节就不再详述;当然也可以双击图层名称,弹出"图层属性"对话框,找到"符号系统"选项卡,在中间的色块上单击一下,也可以调出"符号选择器"对话框,把颜色更改为红色,比较显眼一些,有利于示范操作和观察效果。

新加载进来的居住用地图层所有的斑块都被整合成一个斑块,因为示范操作的需要,可以把这些数据打散。

何以判断所有斑块已被整合成一个斑块呢？只要用选择工具对斑块选一下就会发现不管点击哪里都会选中所有斑块。此外也可以右键图层名称,弹出下拉菜单选择"打开属性表"选项,在属性表中可见只有一条数据,表明所有的斑块都被整合成一个斑块了。

矢量数据的符号化显示设置

修改字段名：
➢ 如面积是现在要用到的一个字段,右键点击"AREA"(面积)字段；
➢ 弹出下拉菜单选择"属性"选项；
➢ 弹出"字段属性"对话框,在"字段属性"对话框里把别名改为中文名"面积",点击"确定"按钮。以同样的方式将第二个字段"PERIMETER"的别名改为中文名"周长"。

添加字段：
➢ 在属性表左上角点击"表选项"按钮；
➢ 弹出下拉菜单选择"添加字段"选项；
➢ 弹出"添加字段"对话框,设置名称为"周长面积比"。

这些操作在前面都有介绍,这里就不再详述细节。

属性表数据新字段的添加设置

周长面积比的数据类型选"浮点型",再点击"确定"按钮。然后把属性表水平滑块拉到右边,就可以看到周长面积比的字段名。这个操作还是比较重要的,因为在数据分析时,经常需要把现有数据进行运算,有时会设计新的指标进行数据计算和数据分析。这里通过添加字段就可以将分析出来的数据立即在地图上显示。常见的指标或数据,如单位面积上的人口(人口密度)、GDP和人口之间的比值(人均GDP)等,都可以直接在属性表里这样操作。

最后,操作把居住用地的斑块数据打散。当所有的面都合成一个面的时候,很多练习就不能操作了。只有一个面,怎么进行数据的排序、筛选呢?这些都不能操作。所以要把一整块面数据打散成独立的单元、独立的斑块,让每一个斑块在属性表中都有一行数据。

高级编辑器:对多边形的操作需要在编辑器模式下进行。如果大家不知道怎么调出编辑器,前面已经讲过,可以参阅。其简单流程如下:

➢ 在ArcMap界面上方的工具条空白处点击右键;
➢ 弹出下拉菜单选择"编辑器"选项,这时"编辑器"工具条就跳出到界面视图了;
➢ 点击"编辑器"按钮;
➢ 在下拉菜单中选择"开始编辑"。

不过,这里要打散斑块,还必须调出"高级编辑器"才能做到。

➢ 在ArcMap界面上方的工具条空白处点击右键;
➢ 弹出下拉菜单;
➢ 在靠近底部选择"高级编辑器"选项,这时"高级编辑器"工具条就跳出到界面视图了。

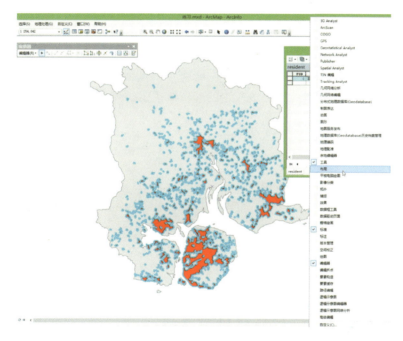

高级编辑器工具条的调出

拆分要素:选中居住用地斑块,要把它打散分离,就要点击"高级编辑器"工具条上的"拆分多部分要素"按钮。如果大家不知道这些按钮的功能,只需要把鼠标左键放上去就会跳出对应的文字提示,很方便。点击按钮之后,可以看到属性表里立即就出现了很多行数据。在上面工具条里找到选择工具来选一下这些多边形,单击一下就能选择居住用地的一个个的斑块了。

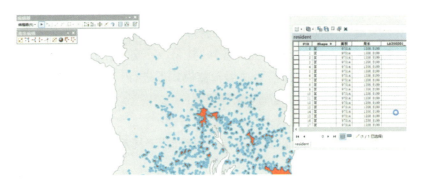

高级编辑器工具条中拆分工具的运用

第 36 节　矢量多边形数据的合并

前面介绍了怎么把整个图层里多个斑块合并起来的一个斑块打散,本节再介绍打散后再次合并等操作。

合并要素:如果要把打散拆分之后的斑块再合并在一起,需要先选择几个斑块。选择的方式是先选择一个,然后按住键盘上的 Shift 键同时用鼠标左键点击选择第二个、第三个。选择完三个后,在编辑器工具条上点击左边的编辑器按钮,弹出下拉菜单选择"合并"选项。

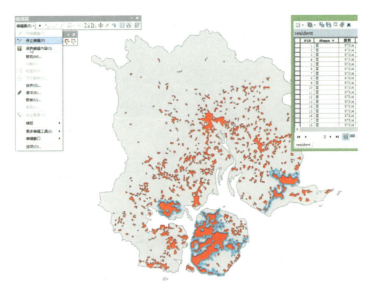

高级编辑器工具条中合并工具的运用

检查合并:单击"合并"选项后弹出"合并"对话框,里面会列出选取的三个斑块,正是前面选中的三个,直接点击"确定"按钮。点击"确定"之后,现在还不知道它是否已经完全合并在一起了,需要测试一下。

在界面上方工具条中找到选择工具,在界面空白地方单击一下,取消对所有斑块的选择。然后再来选择前面操作中的三个斑块中的任何一个,当单击三个斑块中的任何一个时,可以看到三个斑块都呈高亮显示,说明三个斑块已经合并在一块了。

我们还是把新合并的斑块打散成三个独立的单元,因为打散后才能对每个单独的斑块进行数据统计。在属性表中可见面积数据已经出来了,但是仔细观察发现面积数据并不对,因为每一个面积都是一样的数字,所以还要对面积数据重新进行计算。

计算几何:
- 右键点击面积字段名;
- 弹出下拉菜单选择"计算几何"选项;
- 弹出"计算几何"对话框,"属性"一栏选"面积","单位"选"平方千米",然后点击"确定"按钮,这样属性表中的面积字段就会计算出新的结果。

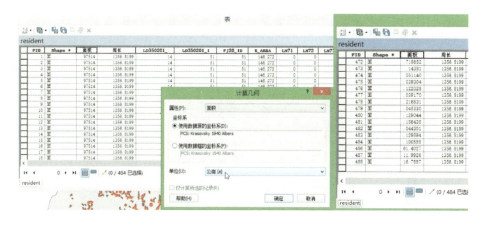

属性表数据的计算几何

接下来重新计算一下周长,同样的操作方式和过程,不再细述。注意:如果计算面积时单位选的是"平方千米",那么计算周长时单位就应选择"千米";否则单位不一致,后面计算周长面积比所得结果就比较奇怪。

重新计算面积和周长后,就可以计算出新增加的"周长面积比"字段的所有数据了。

计算数据:
- 右键点击"周长面积比"字段名;
- 弹出下拉菜单选择"字段计算器"选项;
- 弹出"字段计算器"对话框,该对话框输入框的功能在前面章节也有介绍。

这一次要计算周长面积比,需要选取字段和设置计算方式两个操作。选取字段的方式是在"字段"列表中双击字段名称。周长面积比指标需要周长和面积两个变量(字段),所以双击"AREA"(面积)和"PERIMETER"(周长)字段名,两个字段名就出现在下面的输入框里。然后输入计算方式为分号"/",得到语句如下:

周长面积比=[PERIMETER]/[AREA]

然后点击"确定"按钮,软件会花一点时间去计算,计算完之后会看到周长面积比一栏的数据就显示出来了。

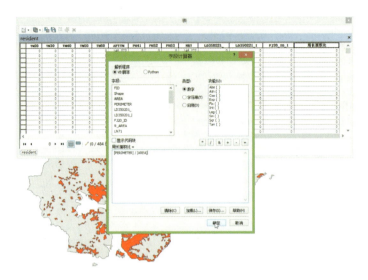

运用字段计算器计算获得新加字段的设置

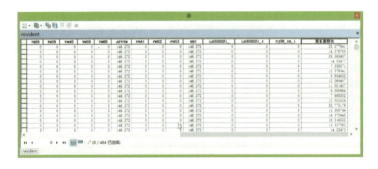

运用字段计算器计算获得的新加字段数据

数据排序：数据计算出来后，对这个数据做重新排序。
➢ 点击"编辑器"按钮，在下拉菜单中选择"保存编辑内容"选项；
➢ 再次点击"编辑器"按钮，在下拉菜单中选择"停止编辑"选项，这样就退出了编辑模式；
➢ 右键点击字段名，选择升序排列。

这里有两点需要格外注意。第一，要编辑属性表中的数据，一定要在编辑器模式下，即打开编辑器工具条，并且点击"编辑器"按钮，在下拉菜单中选择"开始编辑"选项，然后才能编辑属性表数据。第二，计算出周长面积比数据后，要对数据进行排序，则必须退出编辑模式，在编辑模式下是不能进行数据排序的。

分级色彩：对居住用地图层的斑块进行分级符号化显示。双击居住用地图层名称弹出"图层属性"对话框，找到"符号系统"选项卡。在选项卡左边可见，现在默认的是以单一符号（红色）显示。

如果要色彩分级显示，可点击"符号系统"选项卡左边的"数量"选项，出现多个选项，选择"分级色彩"。然后在"分级色彩"右边设置字段，选择新创建的字段"周长面积比"。色带默认是从黄色到蓝色的渐变,因为这里是居住用地,所以不用冷色,一般都要根据城市规划或国土规划里的规范来设置,这里作为示范就选择一个红色色系,点击"应用"按钮,在视图里分级色彩就会显示出来。

　　注意:为了便于观察,一般色彩差别要大一点,可以多调整多尝试。由于小斑块使用浅色则不太容易看清楚,因此小斑块宜采用深色。另外,背景采用了浅灰色,地类数据就宜采用深一些的颜色以区别开来。当选定一个色带之后,除了可以重新选取色带进行色彩的变更之外,还可以在"符号"下面的色块上单击,进入"符号选择器"对话框进行色彩的自定义。

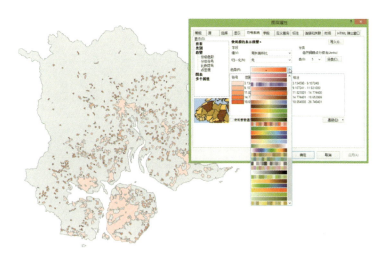

矢量多边形数据的分级色彩显示

第 37 节　属性表数据的编辑

　　前面介绍了道路的分级显示,道路网分为 1、2、3、4 级,该分级数据在道路的属性表里可查询到,这个数据是怎么来的? 其实是在创建道路的过程中就已经把该数据添加进来了。要编辑更改道路级别属性,需要在编辑器的模式下;要创建新道路,也需要在该模式下,所以要先调出"编辑器"工具条。

　　调出"编辑器"工具条:
　　➤ 在 ArcMap 界面上方的工具条空白处点击右键;
　　➤ 弹出下拉菜单选择"编辑器"选项,这时"编辑器"工具条就跳到界面视图了;
　　➤ 点击"编辑器"按钮;
　　➤ 在下拉菜单中选择"开始编辑",然后就可以选中视图中的一条道路进行属性的更改。

　　选择线型数据:如选择一条省道(注意:教学中只是示范,并非真正意义上的实际省道),该数据在属性表里的级别为 2。所用选择工具是"编辑器"工具条里的"编辑工具"　,该工具只有在选中了一条数据之后才能进行编辑,而不是通常所用的界面上方的选择工具　。当一条线被选中后,它会呈高亮显示(浅蓝色),表示它已经被选中。然后就可以对它进行数据的编辑更改。

更改属性表数据:更改道路级别的属性,首先要调出属性表。右键点击图层名称,弹出下拉菜单选择"打开属性表",此时可以看到一行数据已经被选中(浅蓝色底色呈高亮显示),这条线在视图中被"编辑工具" 选中并呈高亮显示之后,它在属性表中整个这一行也是呈高亮显示的。

更改属性表数据

保存编辑内容:接下来对道路级别字段数据进行更改,现在它的级别是2,可以把它更改为1。改完之后,就需要保存编辑内容。

> 点击"编辑器"按钮;
> 在下拉菜单中选择"停止编辑";
> 再次点击"编辑器"按钮;
> 在下拉菜单中选择"保存编辑内容",最后在视图空白处单击一下鼠标左键,取消对线条的选择,这时就可以看到它从原来的省道变成了一条其他类型的道路。

第38节　线要素数据的创建

前面章节给大家示范了属性表数据编辑,接下来示范怎样创建数据,如创建一条新的道路,让该数据在创建过程中就带有道路级别的属性。

同样的,要在编辑器模式下进行编辑,所以每一次编辑完之后,要点击一下"编辑器"工具条下拉菜单中的"保存编辑内容",以免数据编辑内容丢失。

开启编辑:前面说到编辑完一条线数据的属性表数据之后,要点"编辑器"工具条下拉菜单中的"停止编辑"选项,就退出了编辑模式。退出编辑模式之后,就不能对数据(如本例中的道路数据)进行更改。如果要进行更改,需要再次进入编辑模式"开始编辑"。

确定图层:现在就创建一条新的道路,并且希望道路级别是省道。在界面左边的图层组里有两个图层显示,勾选这些图层名称,一个是边界图层,一个是道路网图层。同时,在视图右边"创建要素"面板里,也有两个文件,一个是"行政边界",一个是"道路"。如果在左边内容列表取消"行政边界"图层的勾选,那么在视图右边"创建要素"面板里就只剩下道路数据。

有时候如果要在某一个图层文件上进行创建工作,一定要让这个图层文件是被勾选(显示)状态。

也可以把边界图层勾选起来,然后单击一下"创建要素"面板的"道路"文件,也就是现在要在"道路"这个文件上进行创建,而不是在"行政边界"。当单击"创建要素"面板的"道路"文件之后,在下面就会出现"构造工具"选项,如线、矩形等,选中"线"则意味着要去绘制线。

创建线数据

设置属性:在绘制线条之前,首先要明确一下创建的这个道路是几级道路。
> 在"创建要素"面板的"道路"上右键点击;
> 弹出下拉菜单,点击"属性"选项;
> 弹出"模板属性"选项卡,然后把"道路级别"字段后面的数据自行进行设置。

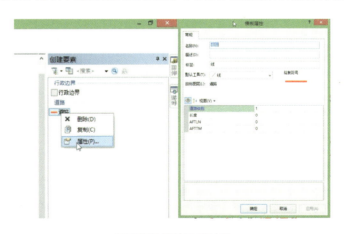

创建线数据的设置过程

选择线型:设置好之后单击"确定"按钮,现在就可以开始创建一条道路了。注意:现在"编辑器"工具条里创建线条的工具不再呈灰色,而是彩色,表示按钮可以被选择。选择左边最简单的线段工具进行道路创建。

画线：在创建道路的时候，其道路级别已经设置好了，如果设置的是省道，那么在创建的时候最好从已经存在的省道开始画线，这样做的好处是可以捕捉到已有线条。然后在视图中依次单击鼠标左键就可以不断画线了，一条道路创建完毕后，右键点击弹出下拉菜单选择"完成草图"选项，这样就创建了一条新的道路。

创建线数据的绘制过程

保存内容：可以一直这样继续创建第二条、第三条道路，直到创建完所有同级别的道路，结束后就可以点击"编辑器"下拉菜单下的"保存编辑内容"选项。有时候画到 3 条、5 条的时候，也可以这样点击"保存编辑内容"，这样操作主要是为了防止误操作之后数据丢失，从而不得不重复操作，耗时耗力。创建完成后，要对新创建的数据进行保存，并退出编辑器。

删除线条：如果这条道路创建得有问题，要重新创建时可以先选中这条道路，然后右键点击，弹出下拉菜单点击"删除"选项，这条道路就没有了。

第五章
数据的选择与查询

 第 39 节　选择工具与查询器

要素"选择"工具：对多个不同的矢量文件进行选择，有不同的方式。第一种方式就是在界面上方工具条里面找到要素"选择"工具，注意不是右边的元素"选择"工具。点击要素"选择"工具之后，可以对视图中的矢量文件进行点选。点击视图中某一个单元地区，会选中一个矢量文件，它的整个边界会呈高亮显示。

选择多个数据：通过这种单击的方式可以一次选中一个地区或者一个斑块。如果要选中几个数据单元，则只需在按住键盘上 Shift 键的同时鼠标单击就可以。如果要一次选中很多数据单元，则可通过选框，也就是按住鼠标左键不放，在视图中拉出选框，选完后松开鼠标左键，这一次只要进入选框之内，或与选框相交的数据单元都会被选中。

取消选择：选中后要怎样取消选择呢？只需在空白的地方单击一下鼠标左键，就取消选择了，或者单击上方工具条里面的"取消选择"按钮，它是一个不带颜色的按钮，意思就是要清空对所有元素的选择。

根据数据选择单元：第二种方式就是要根据数据表的数据进行选择，这样会更为精确。在本案例里，数据单元比较简单，只有 4 个分块，选择没什么困难。但是如果这里的分块很多，寻找并鼠标单击选择就会非常麻烦，这时就要根据数据来进行选择。

方法为：
- 在 ArcMap 界面左边内容列表右键点击图层名称；
- 弹出下拉菜单选择"打开属性表"；
- 找到"人口密度"字段，要看一下哪个数据单元是人口密度为 800，也就是人口密度最大的一个行政数据单元，就把它选中。在属性表左边第一列的方块上单击鼠标左键，选中整个这一行，视图中整个行政单元的边界就已经呈高亮显示了（浅蓝色边界）。

那么怎样选择人口密度最小的数据单元呢？
- 在属性表中"人口密度"字段下找到人口密度最小的一格，数据为 23（也可以先对数据

进行排序,再找最小值会方便很多);
- 在属性表左边第一列数据 23 所在行对应的方块上单击鼠标左键;
- 数据 23 所在行变成高亮显示(浅蓝色背景);
- 视图对应人口密度数据为 23 的行政数据单元也高亮显示了(浅蓝色边界)。

根据条件选择单元: 如果要选择人口密度大于 100 的所有行政单元,又应该怎样操作呢?此时属性表选择方式就不是特别合适了。
- 在 ArcMap 界面左边内容列表里双击图层名称;
- 调出"图层属性";
- 单击"定义查询"选项卡;
- 单击"查询构建器"按钮;
- 弹出"查询构建器"对话框。

通过查询构建器选择数据

要根据人口密度来进行选择,所以在这里找到人口密度字段,人口密度字段在前面的教程中虽然已经被改了别名,但是它的原初名称并没有改变。这里要选择它的原初名称"2010"并双击,双击之后就可以看到它已经出现在下面这个语句框里了。当然也可以先把语句框清空一下(单击"清除"按钮),再双击原初名称"2010"。

要选择人口密度大于 100 的数据,可选择计算符号里的大于等于(>=)符号,再输入100,最后依次点击"确定""应用"按钮。这时候就可以看到,视图中密度大于 100 的数据单元就被显示出来,小于 100 的就已经被隐藏掉了。

以上就是选择显示的方式,是根据所需要的数据来显示报告单元的。

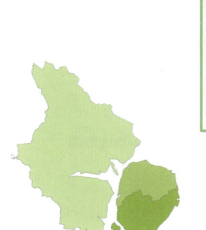

通过查询构建器选择后的数据

第 40 节　设置可选与不可选

这节课介绍关于选择的一些知识。

首先可以看到 ArcMap 界面左边内容列表图层组里有前面创建好的两个新的独立文件，一个是水体周长大于 20 千米，一个是水体周长大于 10 千米，还有最基本的水体图层、行政边界数据。

框选工具： 如果要对这些图层和文件进行选择，可以在上面工具条里点击选择工具，把鼠标放上去的时候会给一个提示"通过矩形选择要素"，意思是在视图中画一个矩形来选择要素，只要与这个矩形相交的部分都会被选到。注意：不需要元素完全在矩形之内，只要是相交就可以了。读者可以操作此工具在视图中反复框选元素看看结果。

使用此工具，不仅视图中显示的可见图层中元素相交会被选中，而且只要是图层打开的，即使被上面图层遮挡而不可见的元素，也会被选中。但是实际上在对图层文件进行操作时，我们可能希望只对某一个图层进行选择，其他的背景就希望它处于一种被冻结或者被锁定的状态，总之就是不能对它进行操作，否则会容易产生误选。怎么样对背景、底层的文件做排除、锁定呢？先取消对所有元素的选择，在旁边空白处单击一下鼠标左键就可以了。

设置可选： 在 ArcMap 界面左边内容列表图层组里有几个按钮，点击一下第四个按钮，这时会显示可选的图层和没有勾选的图层等。可以被选择的图层按钮呈亮色显示，如果希望行政边界作为底层背景不被选中，则可以单击一下亮色显示的按钮。当把鼠标移上去的时候会给我们提示"单击切换是否可选",单击一下,让它不可选。

设置数据的可选

点击后,该图层就会跳到下面来,然后新出来一个组,这个组叫"不可选",里面就包含了行政边界图层,它的按钮是灰色的,而不是呈高亮显示。同样的,也可以让水体这一层不能被选中,虽然在视图中仍然可以显示出来。

现在再来用框选工具框选一下。框选作为背景的行政边界,不管怎么去框选它都不会被选中,同样水体图层也框选一下,也是选不中的。这跟没有设置之前的操作效果是不一样的。

周长大于 10 千米、大于 20 千米的图层,刚才并没有让二者变为不可选的,再来框选试试。可见只要跟框选矩形交叉,都会被选中;或者矩形框拉大一点,凡是这两个图层被框入或者被相交的图层元素都会被选中,这就是可选与不可选的设定。

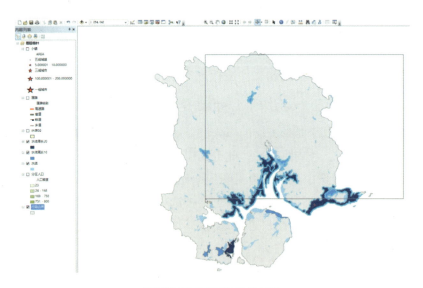

设置数据可选后的选择结果

第 41 节　框选之外的选择方式

选择工具里除了用框选方式进行选择外,也可以有其他的选择方式。

按面选择:如果要用其他的选择方式,就在上面工具条点一下选择工具旁边的三角图标,下面第一个是经常用的"按矩形选择",还有其他方式如"按面""按套索"等。试一下第二个"按面选择",其功能是画出一个图形,这个图形范围里的元素都会被选中。

设置数据选择方式

点击鼠标左键画图形,画到最后需要结束时要双击,结束图形绘制。画了这个多边形后,多边形内部的斑块都被选中了,这有什么优势呢？如果用矩形,它就是一个方形,就是一个方向的,这样有时会把一些不必要的元素也选进去,操作上不太灵活,很难应对复杂的操作场景和需求。如果想选中这里面的某一部分、某一局部,就需要画多边形,自定义一个不规则的图形,选区就更加自由灵活,所以才有了"按面选择"。

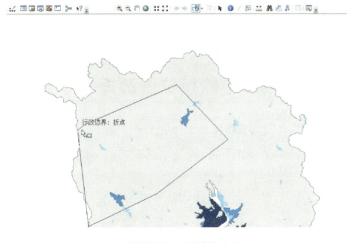

数据的多边形选择方式

按套索选择:还有一种情形,画图形太麻烦了,需要一个个画点去绘制。能否像平时画手绘时自由画个范围,更加灵活一点呢？ 也是可以的。那就是第三个工具"按套索选择"。

按住鼠标左键在视图中拖动,根据需要自由画圈确定范围。画完之后松开鼠标就可以了,这个工具可以很快把某一部分选中,看起来是很方便的。但实际上它也有缺点,如果形态很复杂、很精微,这样按住鼠标左键画很难控制精准度,也不方便。

按线选择:"按面选择"可以慢慢绘制,可以画得比较精细一点,"按套索选择"则可以快,还有一种选择方式是"按线选择"。"按线选择"是与线相交的地方都可以被选中,也是很灵活的一种方式。这几种不一样的选择方式都是为了能够方便快速选中元素。

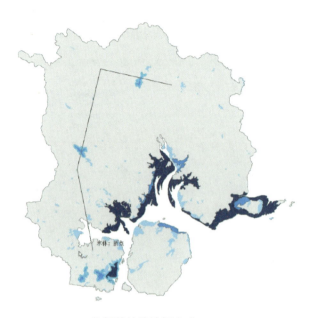

数据的按线选择方式

第42节 选择菜单中的按位置选择

连续选择:当我们想在一个图层里选择多个斑块时,除了前面介绍的矩形框选外,还有其他的选择方法。如要选择多个斑块,可以先选中其中一个,再按住键盘上的 Shift 键不放,同时点击鼠标左键选择第二个、第三个斑块。注意:这种方式在选择过程中不能松开 Shift 键再选第二个、第三个斑块,只有选完之后才能松开 Shift 键。

接下来再看看其他的方式。在 ArcMap 界面上方的"选择"菜单点击一下,弹出的下拉菜单里就有"按属性选择"和"按位置选择","按属性选择"前面已经介绍过,即怎样通过某一个字段筛选数据,这里就不再示范。

按位置选择:"按位置选择"是根据一个图层的位置选中另一个图层中同位置重叠的要素。这种方式用得比较少,但是在特殊情形下也非常实用,所以也给大家示范一下。

➢ 点击 ArcMap 界面上方的"选择"菜单;
➢ 弹出的下拉菜单里选择"按位置选择"选项;
➢ 弹出"按位置选择"对话框,其中"目标图层"就是要选择要素的图层,"源图层"就是确定位置的图层。

数据的按位置选择方式

这里来看一下周长大于 10 千米的斑块是否有与道路相交的情况,就像要调查一下修路过程中是否会遇到大面积的水体,分析给施工带来的难度或者道路修建对生态环境的影响。

因此,在"目标图层"中勾选"水体周长 10","源图层"选择道路,"空间选择方法"是"目标图层要素与源图层要素相交",依次点击"应用""确定"按钮,可见"水体周长 10"图层中和道路相交的斑块都被选中了(边界高亮显示)。

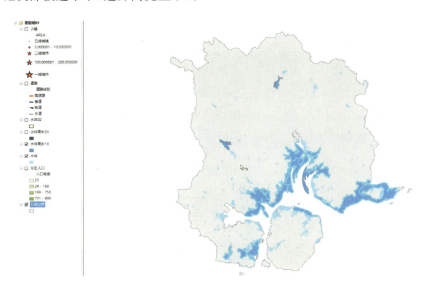

数据的按位置选择结果

第 43 节 选择菜单中的交互式选择

前面介绍了通过两个图层文件的空间位置相交来选择重叠部分。本节介绍交互式选择方法。

交互式选择方法：
➢ 点击 ArcMap 界面上方的"选择"菜单；
➢ 弹出的下拉菜单里选择"交互式选择方法"选项；
➢ 弹出的二级下拉菜单选择"添加到当前选择内容"。

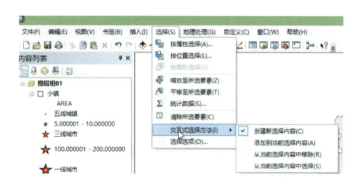

数据的交互式选择方法

此时如果要选择多个要素，就不需要按住键盘上的 Shift 键不放，直接鼠标点就可以了，没有键盘的配合操作。在视图中每点击斑块一次，就会有一个斑块被选中，并且增加到已经选中的斑块中。

交互选择方法里的第三个选项是"从当前选择内容中移除"，这个就很容易理解，前面的一个是添加，点一个就增加一个，现在是点一个就减少一个。

最后一个选项是"从当前选择内容中选择"，表示已经选了很多要素并从该范围中再选，就不再示范了。如果要取消选择，就在空白处点一下。

第 44 节 选择菜单中的按图形选择

本节介绍"选择"菜单下的"按图形选择"选项，现在它是灰色显示，表示还不能用，原因是要"按图形选择"，首先要创建一个图形。创建图形首先要调出绘图工具，这个过程在前面已经介绍过，这里再复习一次。

调出绘图工具条： 在 ArcMap 界面上方的工具条空白处点击右键，弹出下拉菜单选择"绘图"选项，调出工具条后放到视图空白处，或者直接把它挪到上面的工具条旁边，这样可以方便使用。

绘图： 接下来创建图形，点击画线图标，在视图中根据需要绘制线条。这种选择方式很像前面介绍的"按线选择"要素方式。线条画完之后,再观察"选择"菜单下的"按图形选择"选项,可见该选项已经是彩色显示而不是灰色显示了,说明它现在是可以用的。点击该选项之后,图层中与绘制线条相交的斑块就会被选中,呈高亮显示。当然,绘图的方式改用其他方式也是可以的,如多边形 ⌐·等,视操作方便、能满足需求而定。

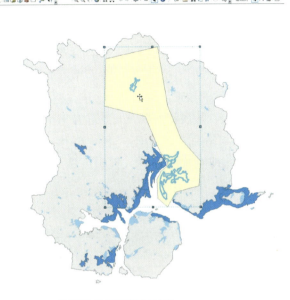

数据的按图形选择结果

按图选择要素:通过这个例子可见,选择工具 ▸·下选项和"选择"菜单下的选项在功能上有相近甚至重复的地方,同样的结果可以通过不同的操作方式来实现。不过,通过先绘图再配合"选择"菜单下的选项来操作有一个优势:先绘制的图是可以调整的,这样即使在绘图中出现失误也可以通过后期的微调完善绘图,而不是重新画图,这样就保证了效率。

第 45 节　属性表中按属性选择

接下来再介绍稍微复杂一点的按属性表数据筛选矢量要素。

首先在图层名称上点击右键打开属性表,用常用的字段操作数据筛选。

按属性选择:

> 在属性表左上角点击"表选项"按钮;
> 弹出下拉菜单选择"按属性选择"选项;
> 弹出"按属性选择"对话框。

该操作也可以通过点击"选择"菜单,在下拉菜单中选择"按属性选择"选项来实现。不同的过程,结果是一样的。

在"按属性选择"对话框里可以设置数据库的查询语句。前面章节介绍了怎样在水体图层选择周长大于20千米的数据,周长大于20千米是数据筛选的条件。读者可以再操作一遍以巩固前面的知识,操作完毕后想想如果要同时设置多个条件怎么办呢?如周长大于20千米且面积周长比大于300,下面就示范一下。

改变数据单位:首先处理一下属性数据表。第一个条件"周长大于10千米"需要在"周长"字段处理:

> 右键点击"周长"字段;
> 弹出下拉菜单选择"计算几何";
> 弹出"计算几何"对话框,默认周长单位是米,设置为千米。

数据排序:右键点击"面积周长比"字段(前面章节有介绍该字段的创建),弹出下拉菜单选择"升序排序",观察排序后的数据。

设置选择条件:再次进入"按属性选择"对话框,在对话框的输入框里可以设置多个查询条件。需要满足两个条件可分别双击"方法"下的两个字段名"PERIMETER"("周长")和"面积周长比",让字段名出现在下面的输入框里。然后选择计算符号完善数据库的查询语句。

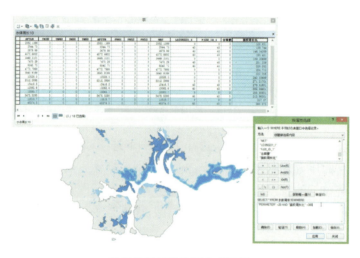

数据的按属性选择方式设置

读者可以尝试并观察以下两条语句执行结果的差异:

输入框中第一条条件语句:"PERIMETER">20

最终设定的第二条条件语句:"PERIMETER">20 AND "面积周长比">300

上面第二条语句的意思就是同时满足周长大于20千米且面积周长比大于300这两个条件,然后点击"应用"按钮。

观察上面两条语句的执行结果会发现,第二条语句的执行结果是在第一条语句已经选出的周长大于20千米的基础上又做了一次筛选,不仅周长大于20,而且还要面积周长比大于300。观察第二条语句查询出来的水体斑块数据可以发现,这些斑块的图形形状特别复杂,这就是面积周长比字段的意义,也就是通常学术研究中设计指标的目的所在。

本例最终通过多个限定条件筛选出所需要的一些数据,这里涉及多个选择条件的设置方式,是数据库操作里的知识和技能,有兴趣的同学可以花时间阅读一些相关的数据库操作课外资料。

第 46 节　按属性选择中的多条件设置

前面介绍了"选择"菜单下的"按属性选择"选项里比较复杂的多条件设置操作。这里再介绍一下第二个选项"按位置选择"里的更多操作。

按位置选择：

➤ 点击 ArcMap 界面上方的"选择"菜单；

➤ 弹出的下拉菜单里点击"按位置选择"选项；

➤ 弹出"按位置选择"对话框。这一次打算以小镇中心为出发点,选取附近一定范围内的数据。

设置图层可选： 首先把小镇的镇中心图层数据打开,然后观察它周围的水体图层斑块。注意：如果前面操作中对水体图层设置了冻结或锁定,导致图层要素不能被选择,则要先设置一下解锁,使其可选。设置的方式就是点击"图层组"三个字上面的"按选择列出"图标,然后将水体图层设置为可选择。操作比较简单,前面也介绍过,这里就不再一一展示。在"按选择列出"图标旁边有一个按钮,点击后弹出"内容列表"对话框,点击对话框中右边的"面"选项卡,可以定义图层里"面"显示图标的大小。

数据图层可选/不可选设置

改变符号大小： 在该对话框中可以设置显示大小,其意义在于有时电脑屏幕太大,图标太小操作起来就不太方便、看不清楚。参数设置大了之后,图层列表中的显示符号就变大了,读者自己可以尝试改动,看看效果。

设置选项参数：

➤ 点击 ArcMap 界面上方的"选择"菜单；

➤ 弹出的下拉菜单里点击"按位置选择"选项；

➤ 弹出"按位置选择"对话框,"目标图层"选水体,"源图层"指从哪里开始计算,我们要从小镇中心开始计算,所以选"小镇"；

➤ 设置"应用搜索距离"的参数,它表示选中小镇之后,搜索距离小镇一定范围内的水体斑块要素。

这个参数读者可以自行设置并更改，以观察不同参数下的搜索结果。这里就以 6 千米为例，点击"应用"按钮之后，大片的水域都被选中了，只有最偏远的部分没被选中，说明距离设定得太大了，很远范围都被选中了。再次改为 1 千米，点击"应用"按钮观察，这次只有镇中心周边的少部分水体斑块被选中。

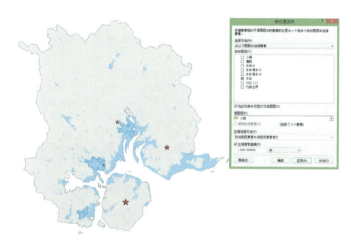

数据的按位置选择结果

读者可以思考这个操作有什么意义呢？对于做研究有什么帮助呢？本例中基本的事实是探索小镇周围有无大面积的水体存在，如果有，则会考虑生态环境、地质情况、地铁交通等的规划和修建要求。

第 47 节　　选择工具设置

前面介绍了工具条里矩形框选择要素的方式，默认的是只要和矩形框相交，要素都会被选中。当然，这种选择方式也是可以改变、可以设置的。

选择选项设置：
- 点击"选择"菜单；
- 弹出下拉菜单选择"选择选项"；
- 弹出"选择选项"对话框，在这里进行设置。

主要看两个设置，第一个可选项就是"采用哪种方式选择要素"，默认的是第一个"选择部分或完全位于方框或图形范围内的要素"，用鼠标拖拉出一选择框，对象和内容只要是部分或者是完全在这个框里，都会被选中，前面的示范都是采用此方式。这里为了看其他的可能操作，将选择方式切换到第二个"选择完全位于方框或图形范围内的要素"，意思是一定要完全被选框框住，才能够被选中。

点击"确定"按钮后，在视图中操作试一下效果。

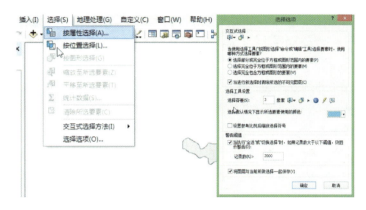

数据的"选择选项"设置

在视图中按住鼠标左键拖拉选框,这一次大家注意到画框后选中的要素和之前是不一样的。这一次只有完全进入选框里的才能被选中,而相交的要素则不会被选中。这就是两种框选之间的差别,这种差别在具体操作中非常有用。相交框选的方式需要小心翼翼,避免误选,而完全框选则可以更大胆一些。

颜色设置:接下来介绍下高亮显示的颜色设置。其功能是当要素被选中时以何种颜色显示,它就是一个效果,默认的高亮显示颜色是浅蓝色,这也是可以设定的,尤其是地图中存在大量的蓝色体系的时候,再使用蓝色作为高亮显示就很不方便,如在给海洋湖泊水域制图的时候。因此这时可以用和蓝色(冷色)形成鲜明对比的暖色(红色)来显示选中的状态,单击"选择选项"对话框中的浅蓝色色块,弹出色彩系列,选择亮红色,点击"确定"按钮。

这一次拉出选框之后注意看被选中要素的边界,它的高亮显示是红色,这就是"选择选项"里面的设置。再换回默认的色彩,默认色彩是 RGB 的颜色模式。R(red)是红色,设置为 0;G(green)是绿色,设置为 255;B(blue)是蓝色,设置为 255,最后点击"确定"按钮。

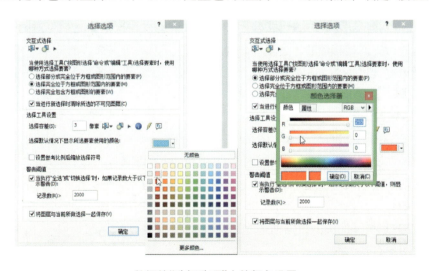

数据的"选择选项"中的颜色设置

第 48 节　定义查询与查询构建器

接着介绍另外一种按属性数据进行选择的方式。

定义查询：前面介绍了"选择"菜单里的选择工具，其中有一个"按属性选择"。而在图层名称上点击右键弹出的下拉菜单中打开属性表，在属性表左上角点击"表选项"按钮后弹出的下拉菜单中也有"按属性选择"选项。此外，双击图层弹出的对话框中有一个"定义查询"选项卡，这个选项卡里有"查询构建器"查询功能。这里也可以设置一些数据库的查询语言，按条件对数据库里的数据进行查询。

查询构建器："定义查询"下面是输入框，可以直接在这里写数据库的查询语句，或者将写好的查询语句粘贴进来查询。但是编写查询语句需要记住很多字段名和查询语言语句，比较麻烦，所以也可以通过"查询构建器"辅助构建查询语句。

定义查询与查询构建器

点击"查询构建器"，弹出"查询构建器"对话框，就会发现这里和之前见过的在属性表里按属性数据进行查询是相似的。这里简单操作一下，复习一下前面讲的知识。

设置语句：字段（变量）还是用周长（PEIRIMETER），设置条件是要查一查周长大于 30 千米的数据。语句是：

"PEIRIMETER">30

然后点击"确定"按钮，可见水体图层中一些大的斑块都被选中了。但是同时要注意到，经过这里的选择操作之后，它会直接把选出来的部分展示出来，没有之前操作中常见的高亮显示；另外，剩下其他没有被选中的要素直接就被隐藏掉了，这些差异和属性表中的数据筛选是不一样的。

导出数据：把剩下的选出数据框选起来，让它们呈高亮显示。

➢ 右键图层点击名称；

➢ 弹出下拉菜单选择"数据"选项；

➢ 弹出二级下拉菜单选择"导出数据"选项；

➢ 弹出"导出数据"对话框，导出被选中的数据。

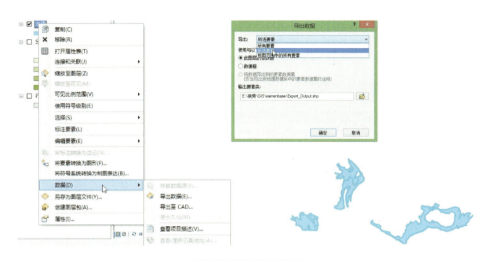

图层数据的导出设置

在"导出数据"对话框的"导出"选项中,由于要导出的数据不是所有要素,而是被筛选出来的周长大于 30 千米的要素,因此在下拉选项中选择第二项"所选元素"。

注意:文件导出路径是要到工作目录,如果不是,在右边点击浏览图标，找到自己的工作目录就可以了,然后把名称也重新修改一下。

点击"确定"按钮之后,会弹出一个对话框询问要不要把导出的数据添加到图层中,直接点"是"。此时就可以看到新添加进来的数据图层,它是一个独立的文件,同时也可以看到它只有前面选择出来的一些大斑块。

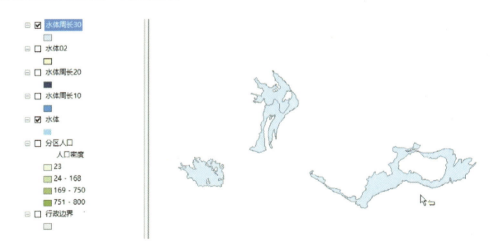

图层数据导出后再添加到视图

定义查询:前面经过数据库查询语句选择数据之后,水体数据在视图中就只显示周长大于 30 千米的数据了,这并不是说其他数据就删掉了,只是没有显示而已。如果要让所有数据显示出来,则可进行如下操作:

➢ 双击水体图层名称；

➢ 弹出"图层属性"对话框；

➢ 进入"定义查询"选项卡，可以看到"定义查询"的输入框里有"PEIRIMETER">30 的语句，正是该语句的存在，使水体图层在视图中只显示周长大于 30 千米的数据。所以要删除该语句，才能让水体图层所有数据显示出来。

图层属性对话框

虽然水体图层和导出后重新加载进来的图层在视图中看起来显示一样，但实际上却差别很大。水体图层开始只显示了大的斑块，通过删除数据库查询语句之后就可以显示所有斑块，而导出后重新加载进来的图层则只有大斑块。

第六章
矢量数据空间分析

第 49 节　相交分析

空间分析是 ArcGIS 中最引人注目的功能之一。空间分析的目的是根据数据产生新的信息，以更好地做出决策。ArcGIS 拥有数百种分析工具和操作方式，它们可以用于解决各种类型的问题，从查找满足特定条件的要素，到构建自然过程模型（如经过各种地形的水流），或使用空间统计工具确定哪一组样本点可以揭示某种现象的分布（如空气质量或人口特征）。

接下来介绍一下空间分析方面的操作。

改变显示符号：先把居住用地的颜色变更一下，方法是在"图层属性"对话框的"符号系统"选项卡中选择"单一符号"，然后进入"符号选择器"对话框更改，操作比较简单，前面也介绍过多次，这里就不再细述。

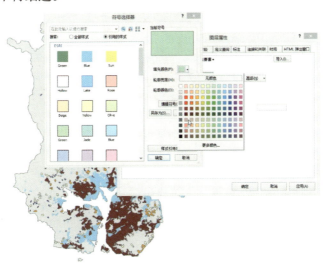

多个图层数据的符号化显示设置

然后让居住用地图层和水体图层都处于勾选状态,由于这两个数据都是同一年份的,因此两个图层不存在相交的情况。但是如果经过10年的发展之后,有可能水体会变成居住用地,如沿海的滩涂可能会通过填海等方式被用来建工厂或者建海景房,变成工业用地或居住用地。这时就需要采用空间分析看看哪些位置的土地类型发生了转变,转变了多少面积。这就需要用10年之后的居住用地或者建设用地来和10年之前的水体数据两个地类之间做相交的空间分析,从而计算出多少面积水体转化成了居住用地或建设用地。

要做这样的分析需要两个不同年份的数据。这里就不给读者演示10年之后居住用地的空间分布情况了,而是以同一年份的居住用地和水体做示范。读者可能会问,同一个年份本来就不相交,要怎么做示范?这里通过人为手工的方式把一些靠近沿海的建设用地面积扩大,扩大了之后假设它就是10年后的建设用地,相当于对城市扩张的简单模拟,然后再做土地转换的空间分析示范。

新建地块: 让居住用地图层处于被点选状态,点击编辑器工具条左边的"编辑器"按钮,在下拉菜单中选择"开始编辑"选项。点击之后,在视图右边会出现"创建要素"面板。如果没有出现"创建要素"面板,就到左边图层列表单击一下居住用地图层,再在编辑器工具条上点击一下左边的"画线"按钮就可以了,然后在"创建要素"面板里的图层列表里单击一下居住用地,就会在面板下面出现"构造工具"列表,里面有"面""矩形"等选项。

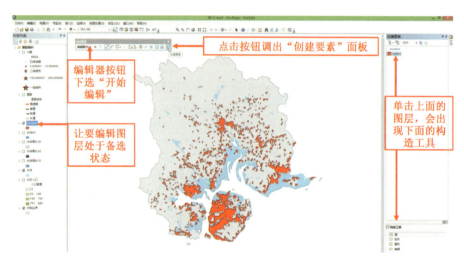

编辑器工具条中创建要素

模板选择:

➢ 在"创建要素"面板点击左边第二个按钮;

➢ 弹出"组织要素模板"对话框;

➢ 点击上面的"新建模板";

➢ 弹出"创建新模板向导"对话框,在这里选择模板。

因为本例中已经有居住用地的模板了,所以不需要再设置模板,不过这一段操作对于矢量文件中图形、线条的创建是很重要的,所以给读者介绍了一遍。

创建矢量要素的过程设置

画出块面：接下来就可以人工创建地块了。在右下角构造工具列表选择第一项"面"，在编辑器工具条上点击线工具，然后在居住用地图层上选一个位置开始创建面。假设我们现在做土地规划了，经过一番分析决策，决定把沿海某一块地划出来做建设用地（如可以用来建海景房住宅）。现在就在这里来编辑地块，用鼠标左键单击画出第一个点，然后依次根据规划画第二个点、第三个点……这个操作在实际应用中的意义类似于某个地产开发商认为这一片土地风景优美，未来升值空间比较高，周围也有很多住宅区，就可以拍下来开发住宅。画完所有点之后，右键点击鼠标，弹出下拉菜单选择"完成草图"选项，弹出"属性"对话框，直接点击"确定"按钮，就结束了面的绘制。

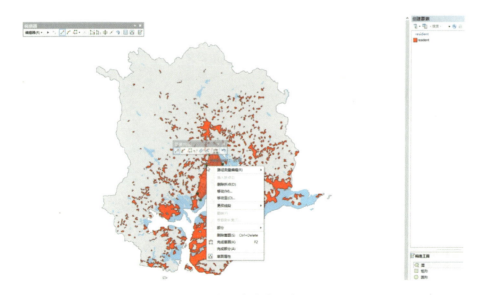

创建矢量要素的绘图过程

保存新建内容：点击"确定"之后，这就是一个新的地块了。因为是在居住用地图层上进行的编辑操作，所以创建的这个地块就加入居住用地的地类里了。

➢ 点击"编辑器"按钮；
➢ 在下拉菜单中选择"保存编辑内容"选项，再次点击"编辑器"按钮；

➢ 在下拉菜单中选择"停止编辑"选项，退出编辑模式。

关掉编辑器之后，就会看到现在居住用地多了一大块面积。可以假定通过规划和设计建设，这块居住用地就是 10 年之后的居住用地。然后将 10 年之后的居住用地和 10 年前的水体数据叠加计算，测算到底有多少水域面积通过填埋等方式被转化成了建设用地。这样就相当于做地类的空间转移分析，其分析是通过两个图层的叠加运算来完成的。

相交叠加分析：相交叠加分析是在空间分析模块里完成的，打开它的方式是在界面上方工具条里找到 ArcToolbox 按钮，单击打开之后会出现 ArcToolbox 工具列表。

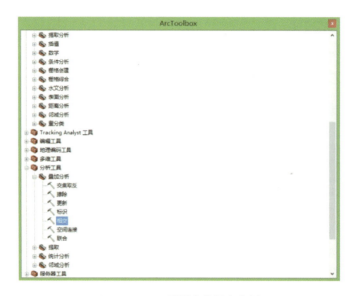

ArcToolbox 工具列表的相交分析

设置输入输出：

➢ 在 ArcToolbox 工具列表中找到"分析工具"选项并单击左边的加号＋；

➢ 在下面列表中单击"叠加分析"选项；

➢ 弹出多个工具选项，双击"相交"选项；

➢ 弹出"相交"对话框，在这里设置输入要素和输出位置。

输入要素的选择是点击右边的三角，在下拉列表中选取。选完一个要素之后点击右边的加号按钮，添加第二个要素。因为相交是两个图层要素之间的交叠运算，所以需要选取两个图层要素，如果选错了，可以点击右边的删除按钮 × 删除要素再重新选择。

输入要素设置完之后，二者相交运算所得结果会有一个新的文件，此时"输出要素类"一栏会询问保存位置，点击文件夹按钮 弹出"输出要素类"对话框，选工作目录，设置文件名称，然后点"保存"。设置完输出要素的保存位置和名称后，点击"确定"按钮。

对比结果：点击"确定"按钮之后软件就会开始计算，一段时间之后（根据机器性能和计算复杂程度确定时间长短），计算结束，在界面视图的右下角会弹出一个临时提示面板：打有绿色对钩和相交字样，表示相交计算已经成功完成了。然后把 ArcToolbox 列表关掉，观察视图中新建地块位置的变化，多出来浅蓝色的一块，在左边图层列表里也多了一个图层，它

ArcToolbox 工具列表的相交分析设置

是自动添加进来的,叫"水体转居住",是在相交运算中设置的名称。现在把其他图层关掉,只留下这一图层。在视图中就可以看见这一片地,从原来的水体地类转化成了居住用地地类,也就是新居住用地和旧水体用地相交的部分,这样就实现了土地利用转移的数量分析及空间分布分析。

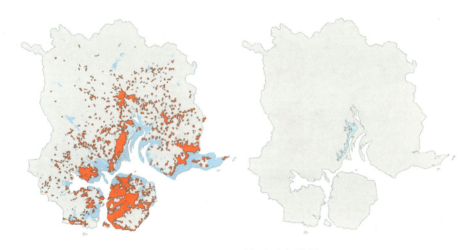

矢量多边形数据的相交分析结果

第 50 节 分割提取

上节课介绍了怎么通过相交的方式获得土地利用类型之间转换的空间分析,本节再接着讲一下怎么获得分区地理数据的统计。

假设要统计行政边界里不同分区里每个地类是什么样的空间分布情况以及对应的数据,那么按照前面介绍的思路,应该怎样操作呢?其实和前面一样,只要有分区数据和地类数据,然后做两个图层的相交运算就可以得到分区的地类数据了。

如果要得到每一个分区里居住用地数据是多少,就可以把每一个区拆分独立出来,再与居住用地之间做相交计算,就可以产生相交后的数据。这是一个思路,但是这个思路适合分区比较少的情况。如这里只有 4 个区，无非是做 4 次相交计算，但是行政边界一定要是独立的。所以这样的思路虽然可行，但是对于分区比较多的情况，这个思路就不是特别合适了，那这时要怎么办呢？这里就介绍使用一个新的分析工具——分割。

要做分割运算，需要两个图层都加载进来。因此首先把分区行政边界数据（分区边界.shp）和居住用地数据（居住用地.shp）都加载到界面中来，当然这些数据和现实中的真实数据是有差别的，能够用来满足教学示范的要求就可以了。

分割工具：在 ArcMap 界面上方的工具条打开 ArcToolbox，它是一个工具箱，打开之后在下面找到"分析工具"，然后找到第二个"提取"选项并点击，弹出的下拉列表中就有一个"分割"工具。

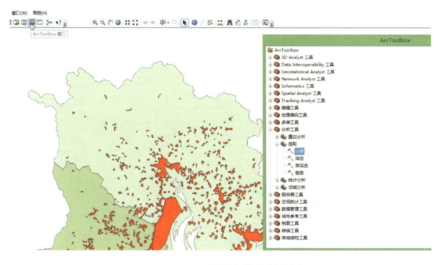

ArcToolbox 工具列表的分割分析

帮助文档：双击"分割"工具，打开"分割"对话框，在这里选择要被分割的要素（输入要素和分割要素）。那么"分割"工具到底有什么功能呢？如果读者对这些空间分析工具不是很清楚，则可以借助 ArcMap 的帮助文档，里面有对这些工具的详细说明。打开帮助文档的方式是点击"分割"对话框右下角的"显示帮助"按钮，就会弹出对这个工具的详细说明和解释。

看完帮助文档的说明之后，点击"隐藏帮助"按钮把帮助隐藏起来。在本例中，要被分割的要素是居住用地要素，而对居住用地进行分割的是行政边界要素。明白了这个原理后，有了前面操作"相交"的过程和经验，理解"分割"对话框里每一栏的具体设置就会很简单了。

需要注意的是"分割字段"的设置，这个字段可以用来标识不同分区。目前分区边界数据里还没有特别明显的标识字段，所以需要增加一个字段。

添加字段：添加字段的方式前面介绍过很多遍，这里简要复习一下。

➢ 进入编辑器模式，在 ArcMap 界面上方的工具条空白处点击右键；

➢ 弹出下拉菜单选择"编辑器"选项，这时"编辑器"工具条就跳到界面视图了；

ArcToolbox 工具列表的分割分析设置

> 点击"编辑器"按钮；
> 在下拉菜单中选择"开始编辑"；
> 右键点击"分区边界"图层名称；
> 弹出下拉菜单选择"打开属性表"选项；
> 属性表左上角点击"表选项"按钮；
> 弹出下拉菜单选择"添加字段"选项；
> 弹出"添加字段"对话框，设置字段名称和数据类型（选"文本"）。

添加字段后，再在新增加的字段表格里双击进行数据的编辑，本例中只给出各个分区的名称。

属性表中的字段添加设置

新建数据包：设置完分区名称之后，保存编辑内容再停止编辑。再次打开"分割"对话框，"分割字段"选择"分区名称"，然后点击右边的地址图标，弹出"目标工作空间"对话框，设置目标工作空间。这个目标工作空间的选择也是有考虑的，不像之前直接保存到某个位置就行了，因为这次是要一次分出 4 个文件来，这 4 个文件就包含在 1 个数据包里，所以还要新建一个数据包。点击"目标工作空间"对话框上最右边的新建图标，命名为"分区居住.gdb"，它是一个后缀名为".gdb"的文件，就是地理数据库的意思。然后在"目标工作空间"对话框点击"添加"按钮，在"分割"对话框点击"确定"按钮。

107

地理数据库的建立

检查分割结果：完成分割操作之后，可以检测是否已经成功了。从界面右边打开工作目录，双击新建的数据，或者点开左边的加号＋，就可见"分区 01""分区 02""分区 03""分区 04"，拖拽其中任意一个文件到视图中。当把"分区 1"拽进视图后可以看到数据是浅蓝色的，可以先把颜色再改一下，否则看不清楚。

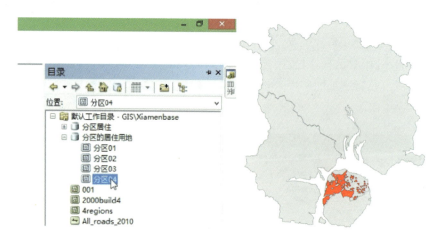

ArcToolbox 工具列表的分割分析结果

前面示范了怎样通过"分割"的方式把整个居住用地行政分区分成 4 大块，这样就可以对各个区域的用地数据进行统计。

将分区 04 数据加载到视图中来，重命名为"分区 04 的居住用地"，这样会更直观一点，特别是当图层越来越多的时候，可以先重命名。之后右键点击"分区 04 的居住用地"图层名称，弹出下拉菜单选择"打开属性表"选项，可见有很多行数据，有了这些数据后，就可以对各个分区域的地类数据进行统计和分析。

第 51 节　缓冲区分析

接下来讲一下道路缓冲分析。道路缓冲分析的意义有很多,比较简单的如查看道路两边多大范围内会产生什么样的影响,如扬尘、噪声、化学物质污染和扩散、空气影响等。

缓冲区工具:首先把"道路网.shp"数据打开,让边界数据处于显示状态。视图中只显示路网图层和边界图层,其他图层都关闭显示。再打开 ArcToolbox,在列表中找到"分析工具",找到"领域分析"并单击左边的加号+,出现下拉列表后可见"缓冲区"工具。

ArcToolbox 工具列表的缓冲区分析

设置选项:双击该工具弹出"缓冲区"对话框,在这里设置"输入要素",找到路网并打开,再设置输出位置和"距离"选项,因为输入的是道路网,它是一个线性数据。线是矢量数据里的线元素,但是经过缓冲之后它就有一个宽度了,这时就不是线了,而是面,这个面的宽度是多少就取决于"距离"这里的参数设置。

缓冲距离可以有长有短,具体需要视研究内容和要求而定。一般需要考虑道路的级别,如宽一点的高速公路,两边要有几十米宽的防护林,缓冲距离就比较长,而高速公路本身也有一定的宽度。

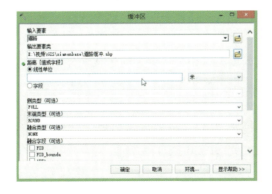

ArcToolbox 工具列表的缓冲区分析设置

调整图层顺序：设置完缓冲距离后，点击"确定"按钮。右下角就会在执行完毕之后跳出一个绿色对勾的提示，表示缓冲区已经完成了。如果出现的不是绿色对勾的提示，而是一个红叉，那就是没完成，肯定有问题，需要重新操作并检查各个部分是否设置正确。完成之后新的图层也会自动出现在图层组里的图层列表中来。但是它在道路图层下面，可以把这个图层拉上去，拉的方式就是调整顺序。按住鼠标左键拖拽图层名称，把它往上面拽，拽到合适位置之后再松开鼠标左键，要避免缓冲图层被其他图层遮盖，现在就可以看到它是一个面，这样缓冲分析就完成了。

ArcToolbox 工具列表的缓冲区分析结果

第 52 节　相交与定义投影（一）

道路缓冲完成之后，接下来就可以用这个数据做一些相关的分析。道路对周围环境是有影响的，如空气污染、噪声污染、扬尘污染等，此外道路两边很有可能会产生新的建设用地，如经常会在道路旁边建加油站，在地铁旁边建地铁房等。所以修建道路对土地利用变化是有影响的。既然道路缓冲做出来了，那么缓冲范围内的土地就可能会发生性质改变，这样就可以把道路缓冲和其他的地类做相交分析。通过相交分析探索缓冲范围内各地类哪些部分可能会发生改变。因此这里再次示范一下"相交"分析怎么操作。

相交分析：

➢ 在界面上方工具条里找到 ArcToolbox 按钮▣；

➢ 单击打开之后会出现 ArcToolbox 工具列表，在 ArcToolbox 工具列表中找到"分析工具"选项并单击；

➢ 在下面列表中单击"叠加分析"选项；

➢ 弹出多个工具选项，双击"相交"选项；

➢ 弹出"相交"对话框,在这里设置输入要素和输出位置。

这些操作前面都有介绍,这里就不再细述。如果读者对这个相交分析还不是特别清楚,也可以在"相交"对话框右下角单击"显示帮助"按钮查一下帮助文档。

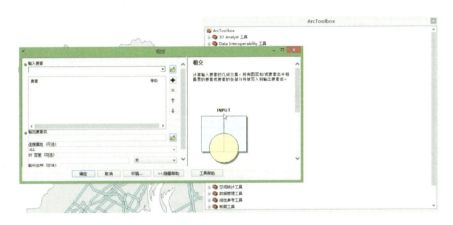

相交分析设置

各个选项和栏目的设置就不再详细介绍,"输入要素"选择道路数据和水体数据,设置完之后点击"确定"按钮。

相交分析结果

接下来介绍一下投影。

先在左边图层组里将道路和行政边界这两个图层勾选起来在视图显示,勾选后双击道路图层,弹出"图层属性"对话框,在第二个选项卡"源"这里看一下地理坐标及投影坐标。投影坐标已经有了,在下面的地理坐标也是有的。然后再双击一下行政边界这个图层,看到选项卡"源"这里的坐标系是未定义的,所以要先定义它的坐标系。

如果不对坐标系进行定义,有可能不同地图放在一起时会出现差错,如道路跑到了边界以外。所以一定要把地理坐标系及投影坐标添加上。

定义投影:

➢ 添加投影的方式是在 ArcMap 界面上方的工具条里点一下 ArcToolbox 红色工具箱 ;

"图层属性"对话框中源选项卡界面

- 在工具列表里找到"数据管理工具"并点击左边的加号+；
- 出现下拉列表后找到"投影和变换"选项打开；
- 出现新的下拉列表后找到"定义投影"选项。

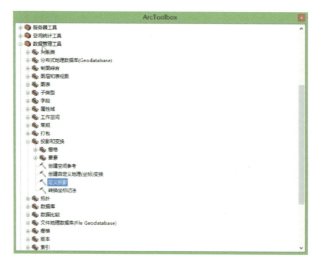

ArcToolbox 工具列表的定义投影

双击"定义投影"选项，打开"定义投影"对话框之后，首先要看是对哪个数据进行投影系统的设置，点击右边的三角或者文件夹图标 进行设置。

"输入数据集或要素类"一项选择"行政边界"数据，或者也可以直接将 ArcMap 界面左边内容列表中的图层按住鼠标左键拖到"定义投影"对话框中来，再松开鼠标就可以了。

选择坐标系：单击右边的按钮 ，弹出"空间参考属性"对话框，在这里选择坐标系。可以通过点击"选择"或"导入"按钮两种方式确定坐标系。

- 点击"选择"之后弹出"浏览坐标系"对话框，软件系统会自动进入自带的坐标系统文

定义投影设置

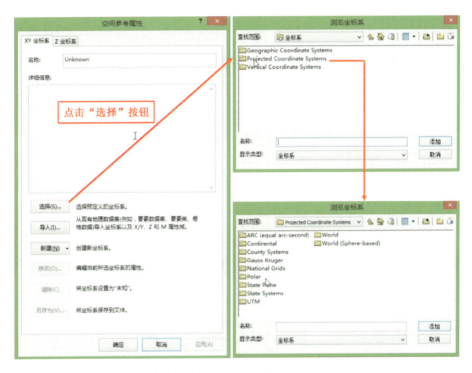

定义投影设置中选择坐标系的过程

件夹目录,可以选择"Projected Coordinate System"文件包并双击进入;
> 在子文件夹里选择"UTM"文件包并双击进入;
> 在子文件夹里选择"WGS1984"文件包并双击进入;
> 在子文件夹里选择"NORTHERN HEMISPHERE"(因为示范区在北半球)文件包并双击进入,里面有很多投影系统。

此时需要查询研究区在全球坐标系中的大概位置,本例中的示范区就选择"WGS_1984_UTM_Zone_43N",点击"确定"按钮。选择完坐标系之后,"空间参考属性"对话框中就会出现坐标系的具体信息。

定义投影设置中选择坐标系的结果

在"定义投影"对话框中点击"确定"按钮,投影成功之后,依然会在视图右下角显示绿色对勾的提示,表示定义投影成功了。

第 53 节　相交与定义投影(二)

刚刚是对行政边界这个图层进行了投影系统的定义,但是投影操作完之后会发现行政边界不见了,只剩下道路网络。怎么把它找回来?这又是怎么回事呢?解释一下,重新打开路网数据"图层属性"对话框里的"源"选项卡,看到下面有投影坐标系,行政边界也定义了一个投影系统,但是可以看到这两个投影系统是不一样的,它们之间存在偏差。

"图层属性"对话框中的投影系统显示

接着看看偏差有多大。在 ArcMap 界面上方工具条里点一下"全图"工具 ,让所有可见的要素都显示出来。结果发现,视图界面中只有左右两个小点,左边有一个灰色小块,右边有一个红色小块,读者不一定看得清楚。用放大工具 框选右边的红色小块,路网就放大显示在视图中央了。然后把鼠标移到返回视图按钮 点一下,蓝色小箭头是要返回到上一

坐标系不一致导致的显示问题

个视图,也就是有左右两个小块的视图。再单击一下旁边的按钮 ➡ 之后又回到路网放大显示的视图这里。同样的,可以再返回去放大显示左边灰色的小块,放大后可见就是行政边界数据。

注意:仔细观察后会发现这个边界数据和之前的有点不一样。如果大家对前面的数据有印象,就能够发现其中细微的差别,这里把带有水体图层的分区边界数据截图展示出来,大家可以对比二者的差别。

两种投影系统的显示差异

不难发现左边的图相比右边的图顺时针旋转了一些,这是因为投影系统不一样。下面就对投影系统重新进行定义。

首先明确,这一节要练习的内容是将右边分区边界带水体图层数据的投影系统调整为和左边的行政边界一样。定义的方式还是在 ArcToolbox 里找到"定义投影"。

➤ 在 ArcMap 界面上方的工具条里点一下 ArcToolbox 红色工具箱 🔴;
➤ 在工具列表里找到"数据管理工具",并点击左边的加号＋;

115

➢ 出现下拉列表后找到"投影和变换"选项打开；
➢ 出现新的下拉列表后找到"定义投影"选项；
➢ 双击"定义投影"选项打开"定义投影"对话框。

更改投影系统："定义投影"对话框的"输入要素"选择"行政边界"数据，"坐标系"选择时可以用"选择"按钮或者"导入"按钮，如果用"选择"按钮，和前面一节讲得一样，只需要让水体的坐标系和行政边界的坐标系一样就可以了，也就是说先查清楚行政边界的坐标系，再在软件自带的坐标系中找到与行政边界坐标系一样的坐标系并定义给水体图层。总之，"输入要素"是水体图层，最终水体图层的坐标系应是"WGS_1984_UTM_Zone_43N"。操作完毕之后也可以检查一下坐标系，双击图层名称进入"图层属性"对话框查看"源"选项卡的坐标系信息。

在图层属性中对坐标系的设置

操作完毕后，可以看到水体和行政边界现在就贴合得很好了，读者可以对比看看变换前后不一样的地方。

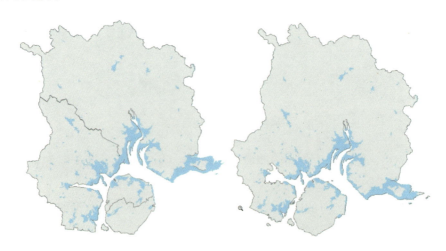

两种投影的对比显示

检查投影系统：经过投影变换之后，水体和行政边界二者都是相同的投影系统，如果还不确定，可以双击图层属性看一下投影系统，二者都是"WGS_1984_UTM_Zone_43N"。

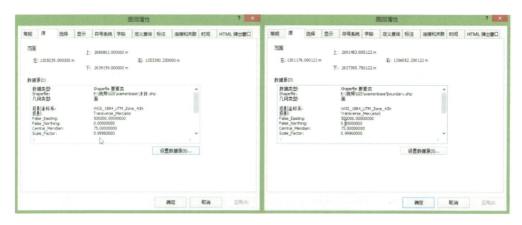

"图层属性"对话框中的投影系统显示

第 54 节　导入投影系统

投影系统有两个是不合适的，需要对投影系统重新进行定义和调整。

前面示范了一种变更投影的方式，以水体为例重新定义投影系统为"WGS_1984_UTM_Zone_43N"。这一次的变更不采用"选择"投影系统的方式，而是采用参考导入现有文件的投影系统。

定义的方式还是在 ArcToolbox 里找"定义投影"。

- ➢ 在 ArcMap 界面上方的工具条里点一下 ArcToolbox 红色工具箱 ；
- ➢ 在工具列表里找到"数据管理工具"，并点击左边的加号＋；
- ➢ 在下拉列表中找到"投影和变换"选项打开；
- ➢ 出现新的下拉列表后找到"定义投影"选项；
- ➢ 双击"定义投影"选项打开"定义投影"对话框。

导入投影系统：在"定义投影"对话框的"输入要素"选择水体数据，"坐标系"选择时可以用"选择"按钮或者"导入"按钮，如果用"选择"按钮，和前面一节讲的内容一样，只需要让水体的坐标系和行政边界的坐标系一样就可以了，也就是说先查清楚行政边界的坐标系，再在软件自带的坐标系中找到与行政边界坐标系一样的坐标系并定义给水体图层。这一节采用"导入"的方式，在"空间参考属性"对话框中点击"导入"按钮，弹出"浏览数据集"对话框，找到"居住用地.shp"，添加进来之后就可以看到新的投影系统是"Krasovsky_1940_Albers"，没有变更之前的投影系统是"WGS_1984_UTM_ Zone_43N"。

点击"确定"按钮，过几秒就会在界面右下角出现"定义投影"成功的绿色对勾提示。也可以通过观察视图检验，在 ArcMap 界面上方工具条里点一下全图工具，让所有可见的要

117

"空间参考属性"对话框中的投影系统显示

素都显示出来。先看左边,用放大工具 放大左边的图块,可见淡蓝色的水体已经不见了,到哪里去了呢?把鼠标移到返回视图按钮 点一下,蓝色小箭头是返回到上一个视图,也就是有左右两个小块的全图视图。再用放大工具 放大右边的图块,可见水域已经跑到右边来了,图层中只勾选显示水域和分区边界,会看到这里的水体和分区边界之间空间位置的配准非常符合,说明水体的投影系统已经变更了。

投影系统"WGS_1984_UTM_Zone_43N"　　投影系统"Krasovsky_1940_Albers"

两种投影的对比显示

左边行政边界的投影系统也要变更一下,注意这里有两个行政边界,一个是分区的,一个是整体的。用同样的方式对行政边界进行更改,都改成"Krasovsky_1940_Albers",其操作流程如下:

➢ 在 ArcMap 界面上方的工具条里点 ArcToolbox 红色工具箱；
➢ 在工具列表里找到"数据管理工具"，并点击左边的加号＋；
➢ 出现下拉列表后找到"投影和变换"选项打开；
➢ 出现新的下拉列表后找到"定义投影"选项；
➢ 双击"定义投影"选项打开"定义投影"对话框；
➢ 在"定义投影"对话框的"输入要素"选择行政边界数据，在"坐标系"一栏单击右边的按钮；
➢ 弹出"空间参考属性"对话框；
➢ 在"空间参考属性"对话框中点击"导入"按钮；
➢ 弹出"浏览数据集"对话框，找到"居住用地.shp"，添加进来之后就可以看到新的投影系统是"Krasovsky_1940_Albers"，没有变更之前的投影系统是"WGS_1984_UTM_Zone_43N"。

点击"确定"按钮后，界面右下角出现"定义投影"成功的绿色对勾提示。再次通过观察视图检验，点击全图工具，可见视图中不再出现左右两个小块，而是直接出现了行政边界和水体的大图，这时可以反复操作关闭/打开分区边界和行政边界数据，观察操作结果和之前不一样的地方。

定义投影调整坐标系后的对比显示

操作完毕后也可以检查一下坐标系，双击水体、分区边界、行政边界三个图层名称进入"图层属性"对话框查看"源"选项卡的坐标系信息，可以发现投影系统都是"Krasovsky_1940_Albers"。

现在就可以看到，水体和行政边界再次贴合在一起了，投影系统也是一样的。这个地方读者可能会看得有些绕，为什么最开始的时候不直接就让行政边界采用水体图层的投影系统？那样虽然是一下解决了问题，但是没有把该讲的知识点讲到。读者需要知道，对应投影系统的变更有两种方式，其一是选择投影系统，其二是参考其他文件的投影系统，并且第二种方式在研究应用中往往更加方便快捷。

定义投影后的投影坐标系显示

第 55 节　线要素距离分析（一）

接下来介绍一下怎样计算一个行政边界范围内各个像元到道路的距离差别。

这个操作需要两个图层，一个是道路图层，另外一个就是行政边界图层。首先把界面左边内容列表中的图层整理一下，对用不到的图层，点击左边的减号－收起来，同时有一些不必要的图层都可以先移除掉。当然，如果觉得这些操作太麻烦，也可以新建一个空白文件，然后只加载道路图层和行政边界图层就可以了。

距离分析：

➢ 在 ArcToolbox 里找到 Spatial Analyst 工具，并点击左边的加号＋；

➢ 进入下拉选项找到"距离分析"选项，并点击左边的加号＋；

➢ 进入下拉选项找到"欧氏距离"工具，选择并双击"欧氏距离"工具打开"欧氏距离"对话框。

这里为什么选择欧式距离，欧式距离和其他距离分析方式的区别是什么？这些问题都比较理论化，在这里三言两语也很难给读者解释得很清楚。由于本教程重点在尽量以较短的时间教会读者软件的应用和操作，提高学习工作的效率，因此对这些问题感兴趣的读者可以参阅相关书籍资料自行研读。

在"欧氏距离"对话框中，把道路图层拖入第一栏"输入栅格数据或要素源数据"，并且设置第二栏"输出距离栅格数据"的路径、地址及文件名称，然后单击"确定"按钮，软件会花点时间进行计算（路网越复杂，计算时间越长），最后出现绿色对勾 显示"欧氏距离"成功。

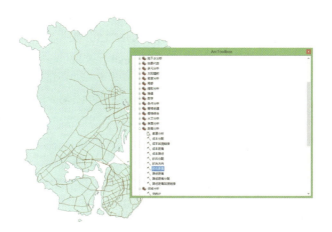

ArcToolbox 工具列表的欧式距离分析

ArcToolbox 工具列表的欧式距离分析设置

计算结果会自动加载到界面里成为一个图层,这是一张栅格图,该图是分层级的,颜色深浅的梯度表示这些像素点、像元距离道路网的距离远近差异。

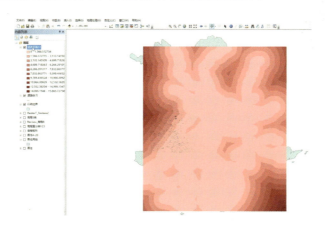

欧式距离分析结果

显示设置：图层的色彩梯度同样也是可以更改和设置的。双击图层名称进入"图层属性"对话框，找到"符号系统"选项卡，可见现在默认是"已分类"，分成了 10 个类别和颜色。如果把 10 类缩减为 5 类，点击"应用"按钮，就会变成如下效果。

欧式距离分析结果符号化显示设置

对比 10 类和 5 类的显示差别即可发现，5 类的精细程度没有 10 类那么高，那么分成多少类合适？这个要视研究和工作需要而定。这里还是把它还原为 10 类，甚至可以改为 15 类，类别越多，变化也就越连续和均匀，读者可以不断更改这个类别参数，然后点击"应用"按钮观察效果。当然"已分类"这种方式不管类别设置得再多，始终看起来是梯度显示，如果想获得一种看似非常连续的显示方式，可以将左边的显示方式切换为"拉伸"，再选取对应的色带。最后点击"应用"按钮，观察显示效果。

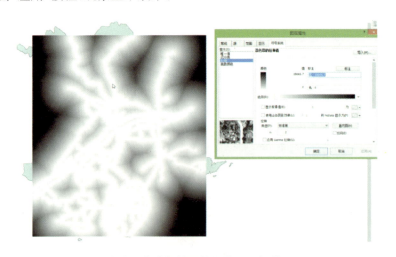

欧式距离分析结果符号化显示调整

这里用黑白灰度色带来显示，可以看到中间浅灰色的地方是距离道路网最近的区域，而 0 距离的纯白色实际上就是道路网本身了。

第56节　线要素距离分析（二）

前面的距离分析结果是一张方形的栅格图，细心的读者会发现这张图并没有覆盖行政边界的全部地域，也就是说没有计算出行政边界范围内所有像元到道路网的距离。怎么才能计算出行政边界范围内所有像元距离呢？现在这个范围大小又是怎样确定的呢？

由于距离分析结果栅格图的大小范围是由道路网的范围决定的，因此要让这个范围覆盖行政边界的所有范围，需要将目前的道路网延伸到现有行政边界上下高度和左右宽度范围之外才行。延伸道路（编辑道路）需要在编辑模式下进行，并且先要打开道路、行政边界、配准地图三个图层。

新建模板：
- 在 ArcMap 界面上方的工具条空白处点击右键；
- 弹出下拉菜单选择"编辑器"选项，这时"编辑器"工具条就跳到界面视图了；
- 点击"编辑器"按钮；
- 在下拉菜单中选择"开始编辑"。

如果此时界面右边的"创建要素"面板里没有道路图层，就单击"创建要素"四个字下面的第二个按钮，在弹出的"组织要素模板"对话框中选择"新建模板"按钮，弹出"创建新模板向导"对话框，勾选道路图层。

线要素的创建

绘制道路： 因为要把道路向上下左右四个方向延伸，所以要在各个方向分别放大视图进行操作。如果道路显示不清楚，还需要先设置一下道路的显示方式，如把颜色更改为红色，宽度设置得宽一点。画道路时要把道路延伸到行政边界外面，并且要让道路的终点高于行政边界的最高点,这样后期距离分析计算所得栅格图才能覆盖行政边界全范围。

线要素的绘制方式过程

用同样的方式绘制四个方向延伸出去的道路,然后保存编辑内容,再停止编辑。

线要素的绘制方式结果

道路画完后,再次做距离分析。

距离分析:
- 在 ArcToolbox 里找到 Spatial Analyst 工具,并点击左边的加号＋;
- 进入下拉选项找到"距离分析"选项,并点击左边的加号＋;
- 进入下拉选项找到"欧氏距离"工具,选择并双击"欧氏距离"工具打开"欧氏距离"对话框,设置部分前面已经操作过,不再细述。

打开"欧氏距离"对话框后,如果读者没有课外阅读"欧氏距离"相关的资料,也可以在对话框中点击"显示帮助"按钮,会有一定的提示和解释。

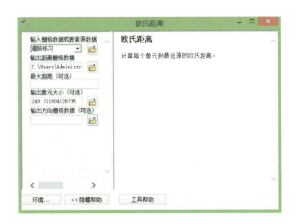

线要素欧式距离分析设置

计算完毕后,就可以看到新计算出的距离分析图,通过对比这张图和之前的那张图之间的差别,可见这张图的范围更大了(超过了行政边界的范围),这时就可以用行政边界对此栅格图进行裁剪。

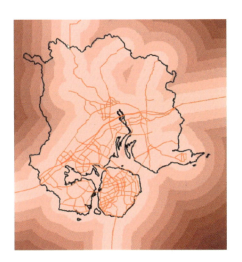

线要素欧式距离分析结果

接下来对影像进行提取,把行政边界范围以外的部分都裁掉。
按掩膜提取:
➢ 在 ArcToolbox 里找到 Spatial Analyst 工具,并点击左边的加号+;
➢ 进入下拉选项找到"提取分析"选项,并点击左边的加号+;
➢ 进入下拉选项找到"按掩膜提取"工具,选择并双击"按掩膜提取"工具打开"按掩膜提取"对话框。

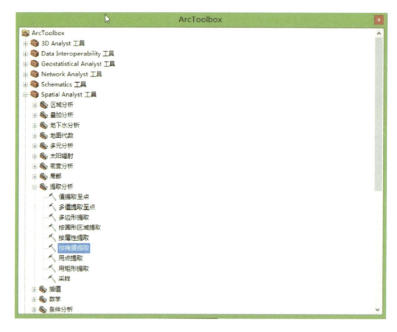

ArcToolbox 工具列表的按掩膜提取

设置选项：在"按掩膜提取"对话框中，把距离分析结果的栅格拖进第一栏"输入栅格"，并且设置第二栏"输入栅格数据或要素掩膜数据"为行政边界图层，设置第三栏"输出栅格"的路径、地址及文件名称，路径的文件夹名称和文件名称可以为英文名。然后单击"确定"按钮，软件会花点时间进行计算，最后出现绿色对勾 显示"按掩膜提取"成功。

"按掩膜提取"设置

更改显示：所谓的掩膜提取就是按照一定的图形范围对一张栅格图进行裁切，图形范围以内的（如本例的行政边界）就会被保留下来，以外的就会被裁掉。这是非常有用的，我们经常拿到的很多影像可能其范围都是一个方形，然而我们需要的是在行政边界范围（研究区）以内的影像，所以都要对原始影像做裁剪，本例最后裁剪的结果如下图所示，当然颜色已经从默认的黑白灰度色带更改为蓝色色带。

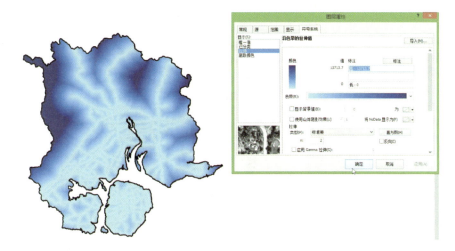

按掩膜提取结果及符号化显示设置

同样的,也可以对距离分析产生的栅格进行重分类。双击图层名称进入"图层属性"对话框,找到"符号系统"选项卡。将类似连续的"拉伸"色带显示方式切换为"已分类"显示,类别从默认值调整为 5。

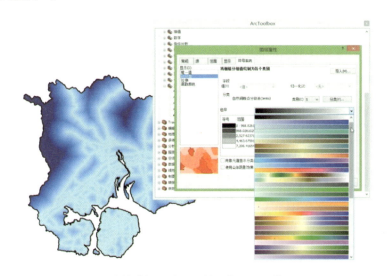

按掩膜提取结果及符号化显示调整

重分类并导出:

➢ 对栅格数据进行重分类并导出,在 ArcToolbox 里找到 Spatial Analyst 工具,并点击左边的加号+;

➢ 进入下拉选项找到"重分类"选项,并点击左边的加号+;

➢ 进入下拉选项找到"重分类"工具,选择并双击"重分类"工具打开"重分类"对话框。在"重分类"对话框中把更改显示后的距离分析结果栅格图层拖入"输入栅格"一栏。默认原来是有 5 个级别,也可以将其重新分级别,这应视研究工作的需要而定。如 0～1 000 米算一个级别,1 000～2 000 米一个级别,2 000～20 000 米一个级别,"新值"重新命名为连续的 1、2、3,输出的位置读者自定就可以,最后所得结果如下图所示。

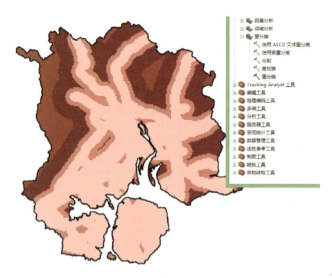

按掩膜提取结果的重分类

有的读者可能会有疑惑,既然在"图层属性"对话框的"符号系统"选项卡里就能调整分类显示,又何必做重分类呢?实际上显示归显示,重分类归重分类。重分类之前的栅格图可以分类显示,像重分类后呈现的梯度一样,也可以类似连续一样"拉伸"显示。然而经过重分类之后的栅格图,数据已经发生了变化,要再设置类似连续的"拉伸"显示方式就不行了。这些差别读者可以尝试观察结果和阅读相关资料来获得更深入的认识和理解。

第 57 节 点要素距离分析(一)

前面示范了行政边界范围内所有的像元到道路网的距离差异。距离分析的操作意义在于可以了解道路对周边环境的影响,了解道路距离和土地利用之间的关系。除了道路网会对土地利用产生影响外,原来的建成区范围也有可能会对土地利用类型变化和转换产生影响。所以这一次分析一下到原来建成区中心点的距离。

新增点数据:取消视图中不相关图层的勾选和显示。把建成区中心点数据(镇中心)加载进来,目前只有 4 个点,如果想多增加一些点,可以把编辑器打开进入编辑模式。这些操作在前面的课程中已经讲过很多次了,具体过程不再详述,最后结果如下图所示。

距离分析:
➢ 在 ArcToolbox 里找到 Spatial Analyst 工具,并点击左边的加号+;
➢ 进入下拉选项找到"距离分析"选项,并点击左边的加号+;
➢ 进入下拉选项找到"欧氏距离"工具,选择并双击"欧氏距离"工具打开"欧氏距离"对话框。

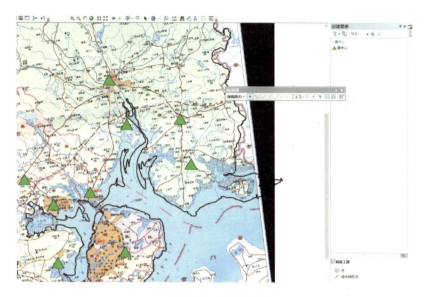

点要素的符号化显示

在"欧氏距离"对话框中,把"镇中心"图层拖进第一栏"输入栅格数据或要素源数据",设置第二栏"输出距离栅格数据"的路径、地址及文件名称。

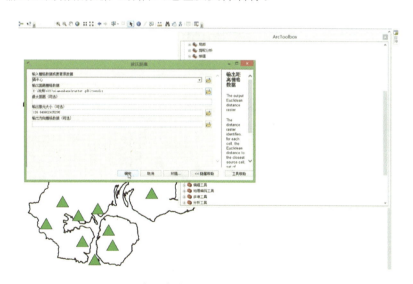

点要素的欧式距离分析设置

单击"确定"按钮,软件会花点时间进行计算,最后出现绿色对勾 ✓欧氏距离 显示"欧氏距离"成功。计算完毕后同样可以改变显示方式,默认是"已分类"显示方式,分为 10 类,也可以采用"拉伸"显示方式。

读者此时可以想想,之前在做道路的距离分析时,出现了什么问题?全研究区域的像元是否都能够被距离分析产生的栅格图覆盖到?遇到这些问题,又应该怎么处理呢?

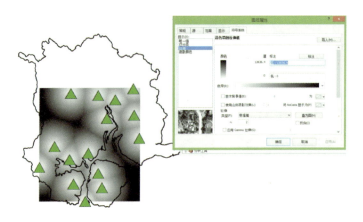

点要素的欧式距离分析结果

第58节 点要素距离分析（二）

读者自己可以想一想前面在做道路距离分析时是怎么处理的？按照道路距离分析的思路，其计算出来的范围是在镇中心上下左右最大范围，这个范围一定要超过行政边界的上下左右最大范围。

添加点： 进入编辑器模式，在镇中心图层上找到行政边界外的镇中心并添加点数据，四个方向都添加完点数据后保存编辑内容再停止编辑，所得结果如下图所示。

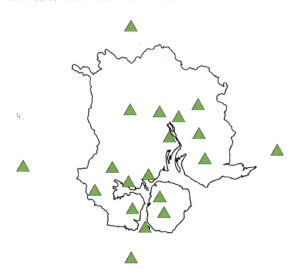

点要素的创建结果

距离分析： 进入"欧氏距离"对话框后，把镇中心图层拖入第一栏"输入栅格数据或要素源数据"，设置第二栏"输出距离栅格数据"的路径、地址及文件名称，然后单击"确定"按钮，软件会花点时间进行计算，最后出现绿色对勾 显示"欧氏距离"成功。

除了到镇中心和到道路网的距离以外，也可以是其他一些要素，如到海岸线的距离、到

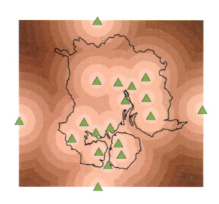

点要素的欧式距离分析结果

河流的距离等,方法都是一样的,读者可以自行尝试。

注意:前面添加位置在边界之外的点时,一定要是真实的、正确的位置,在行政地图上找到行政边界以外其他的镇中心,否则分析出来的误差就会很大。

按掩膜提取:

➤ 在 ArcToolbox 里找到 Spatial Analyst 工具,并点击左边的加号+;

➤ 进入下拉选项找到"提取分析"选项,并点击左边的加号+;

➤ 进入下拉选项找到"按掩膜提取"工具,选择并双击"按掩膜提取"工具打开"按掩膜提取"对话框。

设置选项: 在"按掩膜提取"对话框中,把镇中心距离分析结果的栅格拖到第一栏"输入栅格",并且设置第二栏"输入栅格数据或要素掩膜数据"为行政边界图层,设置第三栏"输出栅格"的路径、地址及文件名称,路径的文件夹名称和文件名称可以为英文名。然后单击"确定"按钮,软件会花点时间进行计算,最后出现绿色对勾 ✔ 按掩膜提取 显示"按掩膜提取"成功。默认的显示方式是拉伸,也可以在图层属性的"符号系统"选项卡里更改,这些在前面的讲解中都已讲过多次,这里就不再赘述,操作及结果如下图所示。

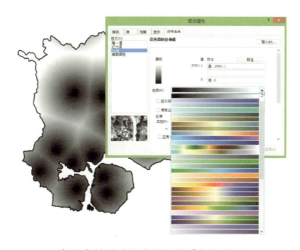

点要素的欧式距离分析掩膜提取结果

分析应用实验教程 下篇

第七章
矢量数据创建与编辑

第 59 节　地理配准（一）

接下来讲解比较常用的内容——地理配准。地理配准是空间制图、数据分析和处理中用到的再频繁不过的操作。前面练习中用到了很多文件，如道路、水体等。有的读者会问：这些数据都是从哪里来的？实际上这些数据都可以通过人工的方式制图得到，即空间制图。

水体、林地、草地、耕地、居住用地、公园这些地类，全部都是可以画出来的。前面在画图过程中已经说了，可以在编辑器模式下画线。画线的全部过程也给大家示范过，如多边形水体、居住用地等。问题在于，画图要有个参考标准，道路、水体、用地不能随便画，一般参考地理影像（卫片或航片），或者拿着一张地图也可以提取。

如果采用位图地图（如一张纸质版地图的扫描件），首先要去配准。这里所说的位图地图是一种常见的图片格式，从格式上看这张图和其他图片无很大区别。位图地图是基于像素概念的地图，和前面经常操作的矢量地图有很大差别。关于位图地图和矢量地图二者的区别，读者有时间可以查阅相关资料。简单来讲，二者的差别之一就是位图地图放大后会模糊，而矢量地图则不会。

这里首先要示范一下怎样去做配准。

地理配准工具：

➤ 关掉所有图层，只留下行政边界图层（".shp"文件是矢量文件），在 ArcMap 界面上方的工具条空白处点击右键；

➤ 弹出下拉菜单选择"地理配准"选项；

➤ 弹出"地理配准"工具条。

全图显示： 再加载一张位图地图。打开位图地图的方式和打开矢量地图的方式一样，有多种方式，如在工具条上直接点击加号 ，位图地图选择"配准地图.jpg"。打开之后，视图里并没有显示，为了找到该图，在"地理配准"工具条上单击左边的"地理配准"选项，弹出下拉菜单选择"适应显示范围"选项，地图就显示出来了，此时没有完全对准，所以还需要进行

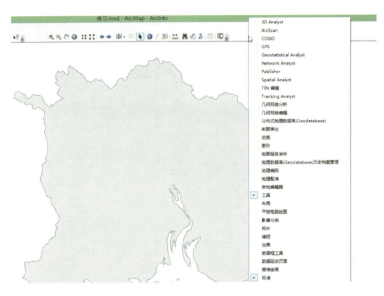

调出地理配准工具条

调整,如下图所示。

地理配准的适应显示范围

第 60 节　地理配准(二)

上一节的操作步骤看起来很少,但在操作过程中不能有误,否则地图就不能全图显示,也就不能操作后续的配准调整。

更改显示:为了方便行政边界和地图之间的配准,先把行政边界的显示方式切换为无填充,这个操作比较简单,可以单击图层下面的色块进入"符号选择器"对话框,也可以双击图层名称进入"符号系统"选项卡设置。注意:边界颜色要设置得色彩鲜艳、线条粗一点,方便观看和操作。

添加控制点:接下来进行配准的具体操作,使用工具条中的放大工具将需要观察细的地方放大。注意:放大工具在地理配准中用得非常频繁,主要是用来寻找特征点。所谓的特征点一般可以是转角处,因为所形成的尖角比较容易定位。放大之后,点击"地理配准"工具条上的"添加控制点"工具![添加控制点],然后先后单击位图地图上的特征点和矢量地图上的特征点,表示这两个点应该是同样的位置(强调:先点位图,再点矢量)。以同样的方式至少选择三个特征点,并且这三个点不能在地图上的一个局部,而是尽量分布到全图。这样做的原理很简单,就是三个点确定一个面。如果这三个点只是集中在局部位置,势必只有局部配准得很好,其他位置则偏差很大,具体操作方式如下图所示。

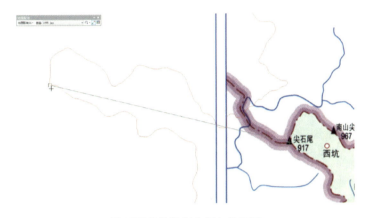

地理配准的控制点添加和匹配

视图切换:在配准过程中,为了寻找多个特征点,要不断操作放大视图🔍和返回全图⊙,返回全图⊙后可以更方便地观察全局整体并寻找特征点,找到特征点之后再放大视图🔍进行配准操作。

查看连接表:如果有的读者在刚开始操作的时候不熟练,导致选错了点怎么办?操作失误后可能会使位图地图和矢量地图之间发生很大的偏差甚至偏转,这时几乎没法继续操作下去。补救的办法就是点击"地理配准"工具条上最右边的"查看连接表"按钮⊞,打开"连接表"对话框。

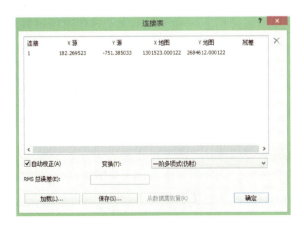

地理配准的控制点删除

删除控制点:在地图中操作了多少个点,在连接表中就会有多少行数据,如果出现操作失误,选错了很多点,就可以在该表中选中误操作的点数据,待该行呈现蓝色底色表示选中之后,点击对话框右上角的叉号,就可以删除数据。删除之后,回到视图可能发现位图地图又不见了,这时需要再次在"地理配准"工具条上单击左边的"地理配准"选项,弹出下拉菜单选择"适应显示范围"选项,地图就出来了。

这里再次提醒读者操作的时候应注意,选择特征点至少需要三个,多一些配准效果更好,点的选取需要兼顾上下左右全方位,而不能局限于一隅。如果出现操作失误,则需要反复删除错误点并增加新的特征点,提高配准的精准度,直到位图地图的轮廓边界和矢量地图的边界几乎完全对齐为止。当然,会不会出现矢量地图边界和位图地图的边界无法很好对齐呢?也是有可能的,但是一般偏差不会很大,之所以出现偏差可能是位图地图的年份和矢量地图的年份不一样,这种情况下在基本配准之后就要重新通过绘图的方式画出新的矢量边界地图。特别是在使用卫片影像的时候,因为影像是拍摄的真实情况,所以重新绘制矢量地图以提高精准度就相当于更新地图了。

删除冗余点:刚刚配准了 4 个点,然后点击"地理配准"工具条上最右边的"查看连接表"按钮,打开"连接表"对话框,可以看到这里有 4 个控制点,控制点右边是残差值,残差值越小越好,表明误差偏差很小。如果某一个点的残差值很大,就有必要选中这一行数据并单击对话框右上角的叉号把这个点删掉。删掉之后,整个图就会更加准确一些,总误差就会变得很小。当然,点最好要多一些,才能够减小误差。

> 配准完成后,"地理配准"工具条上点击"地理配准"按钮;
> 弹出下拉菜单选择"纠正"选项;
> 弹出"另存为"对话框,把经过配准的地图保存一下,没有特别需要则将选项都设置为默认,然后设置下保存地址的目录,名称为"地图配准.tif",最后点击"保存"按钮。

第 61 节 投影栅格

保存完配准的影像后再次将该图加载到图层中。现在该图没有投影,这里就给它指定投影系统。

投影栅格:定义的方式还是在 ArcToolbox 里找"定义投影"。

> 在 ArcMap 界面上方的工具条里点一下 ArcToolbox 红色工具箱;
> 在工具列表里找到"数据管理工具",并点击左边的加号+;
> 出现下拉列表后找到"投影和变换"选项打开;
> 出现新的下拉列表后找到"栅格"选项打开;
> 出现下拉列表后找到"投影栅格"选项,双击"投影栅格"选项打开"定义投影"对话框。

对话框中一般选项的设置前面已经讲过了,这里就不再细述。坐标系的选择可以采用"导入"方式,然后选择边界文件参考其坐标系,这样比较便捷。

注意:虽然都是定义投影,但是本节的"投影栅格"和前面的矢量"定义投影"使用的工具

下篇 ▶ 第七章 矢量数据创建与编辑

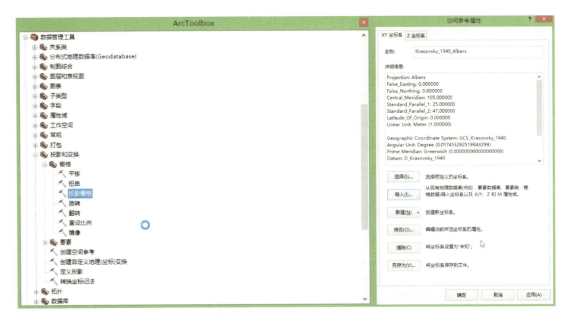

ArcToolbox 工具列表的投影栅格

是不一样的。投影成功后,在界面右下角仍然会弹出投影栅格成功的绿色对勾提示。

ArcToolbox 工具列表的投影栅格设置

139

第 62 节　多边形面的裁剪分离

地理配准是一个基础，当地理配准完成后，很多操作就可以做了。如可以在地图或影像上提取水域等地类或者提取道路，甚至重建行政边界。

要绘制地图需要进入编辑模式。
- 调出编辑器工具条，在 ArcMap 界面上方的工具条空白处点击右键；
- 弹出下拉菜单选择"编辑器"选项，这时"编辑器"工具条就跳到界面视图了；
- 点击"编辑器"按钮，在下拉菜单中选择"开始编辑"。

本节要示范的就是将整体的行政边界按照所辖分区划分为多个区域。这样编辑多边形的操作在前面也有介绍，这里在复习前面内容的同时，加入一些新的知识和操作。

裁剪多边形： 让视图中只显示位图地图和矢量边界地图，选中矢量边界地图，在视图右边"创建要素"面板里选择边界图层，此时下方出现"构造工具"选项，选择"面"选项。接着在编辑器工具条上点击选择工具，在视图中选择矢量边界，让它呈蓝色高亮显示。再在编辑器工具条上点击裁剪工具，开始在地图上绘制线条来切割裁剪矢量边界。可以从左边边界开始，当鼠标放到左边边界的时候，会自动锁定到边界上，此时点击鼠标左键创建第一个点，后面的点沿着位图地图上分区的边界依次点击就可以了，如果要提高精度可以放大地图绘制线条。从左上到右下绘制所有点，最后一个点会锁定右下的边界，创建最后一个点后点击右键，弹出下拉菜单选择"完成草图"选项，然后视图上会闪两下，表示原来的边界已经被裁剪为两个分区，整个过程如下图所示。

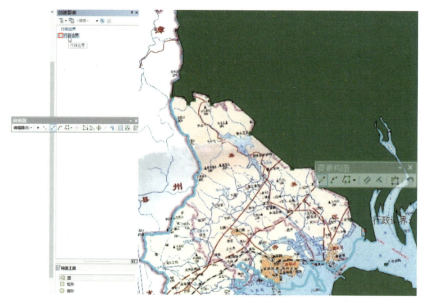

多边形面的裁剪分离

这里主要是做示范,为了提高演示效率裁剪分割的画线没有画得很精确,读者自己在研究工作中为了保证工作质量,画线过程中最好用放大工具放大视图后慢慢仔细绘制。

保存编辑内容: 绘制完第一条线后可以再用选择工具 ▶ 点选观察结果。可以先选择上面分出来的多边形图块,可见其呈高亮显示(浅蓝色边界),成为独立的一块图形。然后再选下面的图块,有同样的显示结果,这样就把整个边界分成了两块。同样的方式可以画出其他的所辖分区边界,比较简单,这里就不再重复示范了。

全部裁剪完毕后,需要保存一下操作结果(点击"编辑器"按钮,在下拉菜单中选择"保存编辑内容"),防止数据丢失,最后再停止编辑(点击"编辑器"按钮,在下拉菜单中选择"停止编辑")。

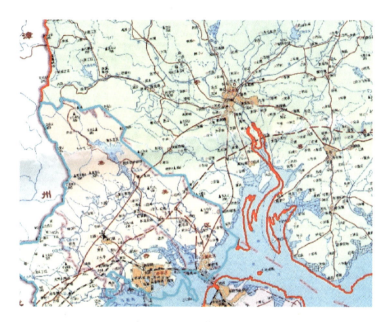

保存多边形面的裁剪分离结果

第63节 创建多边形面(一)

接下来示范一下在地理配准基础上怎样提取地类或创建地类,如示范把建成区创建出来。

要创建这个地类,需要有一个新的文件,所以这里把行政边界数据导出为一个新的文件,然后清空里面的多边形数据,作为创建建成区的基础。

合并图形: 首先把行政边界数据处理一下,将上一节中裁剪开的两个分区合并到一起,再导出为新文件。合并的操作和裁剪操作一样,都要进入编辑器模式来操作。用选择工具 ▶ 框选裁剪开的两个分区,选中后两个分区都呈浅蓝色高亮显示,再点击"编辑器"按钮,在下拉菜单中选择"合并"选项,弹出"合并"对话框,直接点击"确定"按钮。合并之后可见边界中的分区线已经没有了。

多边形的合并

导出数据：
- 保存编辑内容并停止编辑，然后右键点击图层名称；
- 弹出下拉菜单选择"数据"选项；
- 弹出二级下拉菜单选择"导出数据"选项；
- 弹出"导出数据"对话框，设置保存地址，设置名称为"建成区"。

数据的导出设置

导出数据之后，要让它自动添加到图层里来。加载进来后，它是一个新的独立文件。将行政边界取消勾选，让建成区数据出现在视图后，再次进入编辑器模式，开始编辑边界数据，选择边界并删除。实际上本例只是借用行政边界数据在这里画多边形创建建设用地，所以导出为独立文件并加载进来后，首先要清空里面所有的多边形。

创建图形： 选中"建成区"图层，右边"创建要素"面板也选中"建成区"图层，此时下方出现"构造工具"选项,选择"面"选项。选择放大工具，把位图地图上方放大,在分区中心创建多边形作为建成区地类。点击编辑器工具条上的画线工具，在位图地图上沿着分区中心的边界依次创建多个点,这里作为示范,会画得粗糙一点,读者自己在工作中操作的时候需要绘制得精细一些。

绘制完所有点后,点右键,弹出下拉菜单选择"完成草图"选项,弹出"属性"对话框点击"确定"按钮,这样就有了一个多边形,这就是一个地块。用同样的方式可以创建多个地块,这里就不再重复演示了。

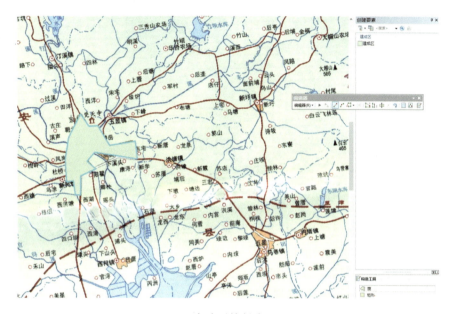

多边形的创建

保存内容:通过这次的操作,读者就知道其他地类如耕地、水体、林地、公园等都可以这样创建,做到举一反三。创建完毕后,记得点"保存编辑内容",然后再点"停止编辑"。

第64节 创建线要素（一）

刚刚示范了多边形面的创建,这个多边形可以是地类,也可以是其他(如建筑边界、公园边界),接下来示范一下怎样创建线元素。

先在视图中只显示位图地图和道路图层,其他图层取消勾选和显示。首先将道路图层导出为新的独立文件数据,这个过程在前面已经操作过多次,这里就不再详述细节。再把导出的数据加载到视图中来,然后进入编辑器模式创建新的道路。

创建模板:和前一节的操作一样,进入编辑模式后,先把现有的道路网删掉,删掉的方式是直接按键盘上的delete键就可以,或者点鼠标右键弹出下拉菜单选"删除"选项也可以。

➤ 单击视图右边"创建要素"面板左边第二个按钮组织要素；

➢ 弹出"组织要素模板"对话框；
➢ 单击上面的"新建模板"选项；
➢ 弹出"创建新模板向导"对话框，选择"道路创建"这个图层（前面导出又加载进来的图层），然后点击"确定"按钮，点"关闭"。

此时"创建要素"面板中"道路创建"图层就出来了，点击该图层，下方就会出现"构造工具"面板并选择第一项"线"工具，在编辑器工具条上选"直线段"工具，在位图地图上放大，找到一条道路开始绘制。

线要素的创建

绘制线条：位图地图上有很多道路，沿着地图上的道路依次画下若干个点，和前面绘制多边形没有太大的区别，绘制结束后点右键，在弹出的下拉菜单中选择"完成草图"选项。

注意：有时会发现编辑器工具条上选"直线段"工具是灰色的，无法点选和使用，原因是没有点选"创建要素"面板中的"道路创建"图层。此外，画出的线默认的颜色和宽度看起来比较困难，可以自己在"符号选择器"对话框中设置颜色和宽度属性，这些在前面的示范中都操作过很多次。

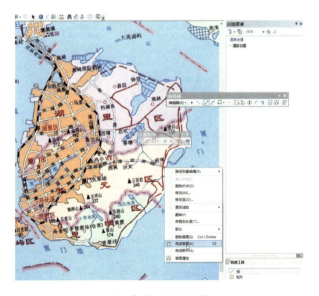

线要素的绘制和创建

接下来介绍线创建中的一些问题,以及怎样重新构建线。

由于图层太多会产生不必要的干扰,因此除了"线创建"和位图地图外的其他图层不要勾选和显示外,可以把图层列表中不必要的和暂时用不上的图层先清理一下。

打开编辑器:要对数据进行调整,首先要打开编辑器工具条进入编辑模式。然后使用工具条上的放大工具 把需要编辑的位置(前几节中的水库位置)放大,准备调整和绘制线条。绘制线条前检查一下,保证界面右边"创建要素"面板中的"线创建"图层被选中,这样编辑器工具条上的工具才不会是灰色显示。选中"创建要素"面板中的"线创建"图层后,下方会出现"构造工具"面板,选中第一项"线"工具。然后在编辑器工具条中点击"线"按钮 ,开始创建线条。

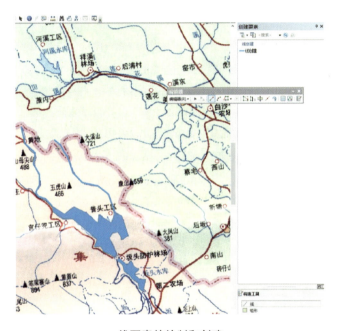

线要素的绘制和创建

第 65 节　创建点要素

接下来示范一下点元素的创建。前面已经讲了多边形以及线的创建,点元素的创建也是同样的方式。

先在图层列表中勾选小镇和行政边界图层的显示,去掉其他图层的勾选和显示。和前面创建多边形地块和线一样,这里也先把点数据导出为独立文件"点创建练习.shp"再加载进来,这个过程在前面已经操作过多次,这里就不再详述细节。加载完导出的数据后,取消原来小镇图层的勾选和显示。

同样的,把新加载图层"点创建练习.shp"里面的数据在编辑器模式下都删除清空,这样就可以在空白图层中开始创建点数据。

创建点数据：创建点数据时，如果视图右边"创建要素"面板没有模板，就添加一个模板。添加模板前一节有，读者可以参考。新建模板时选择"点创建练习"，"创建要素"面板就有了"点创建练习"图层的显示。选中它后下方会出现"构造工具"，如"画点"等。此时编辑器里也会出现点图标，这时就可以在视图中放置点。

点要素的创建设置

放置点的位置应根据研究需要而定，如学校、医院、镇中心等。为了保证准确，一般需要先获得点单位的实际坐标数据，然后在地图上根据获得的数据放置点。创建完所有点之后保存编辑内容再停止编辑。

创建完点数据后如果显示不明显，可以进入"符号选择器"对话框设置显示符号属性，本例中选一个像小旗子的符号，当然读者也可以选其他的符号，只要不违背制图规范。符号颜色可以改成红色，尺寸尽量大一点，让符号更清楚，便于识别。

第 66 节　创建多边形面（二）

前面课程里示范了怎样在地理配准基础上创建行政边界、土地利用的地块、线要素（如道路、河流等）、点要素（如镇中心、医院、学校等）。

在练习过程中，为方便教学示范，获得新的点线面文件的方法是：将现有数据导出再添加进来，然后再在编辑器模式下进行各类数据的创建。有的读者可能会问，如果没有这样的文件怎么创建新文件呢？或者能否不通过"导出"方式而是以其他方式创建文件呢？这节课就示范一下怎样直接创建新的文件，然后再进行编辑。

创建要素类：
- 要创建文件，点击 ArcMap 界面上方的工具条里的 ArcToolbox 红色工具箱；
- 在工具列表里找到"数据管理工具"，并点击左边的加号＋；
- 出现下拉列表后找到"要素类"选项打开；
- 出现新的下拉列表后找到"创建要素类"选项；
- 双击"创建要素类"选项打开"创建要素类"对话框。

在"创建要素类"对话框的右边点击一下文件夹图标,弹出"要素类位置"对话框,确定文件创建位置。在"要素类位置"对话框中点击最右边的"新建文件地理数据库"图标,将新建的数据库命名为"创建练习",单击该数据库选中并点击"添加"按钮。

创建要素类

将"创建要素类"对话框中第二项"要素类名称"命名为"创建地类",本节要示范怎么创建地类,所以"几何类型"要选多边形(polygon)。如果要创建道路,应该点击一下右边的三角图标,弹出下拉选项后再选线(polyline)要素。

定义坐标系:以上就是一些基本的设置,最后还要定义一下坐标系。把"创建要素类"对话框右边的垂直滑块往下拉,找到"坐标系"选项,点击右边的图标指定坐标系。在弹出的"空间参考属性"对话框中,可以点击"选择"和"导出"两种方式指定投影坐标系。这两种方式前面都有介绍相关案例和操作,读者可以参考前面的详细过程。本例中为了便捷,直接导入现有文件的坐标系统以便保持所有文件的投影坐标统一,所选文件是前面已经使用或编辑过的矢量多边形文件,如行政边界、居住用地、水体等。

创建要素类后定义坐标系

查看投影系统：点击"确定"按钮后，过一会屏幕右下角会弹出"创建要素类"成功的绿色对勾显示。此时观察左边图层列表，已经有了一个新的图层"创建地类"，双击图层名称打开"图层属性"对话框，然后在"源"选项卡里可以看到投影坐标系统。因为是参考现有文件的投影坐标系统，所以是统一的"Krasovsky_1940_Albers"。

图层属性对话框中查看投影坐标系统

创建多边形：接下来以这一图层为例创建多边形。保留位图地图和新建图层"创建地类"的勾选和显示，取消其他图层的勾选和显示。首先，打开编辑器工具条进入编辑模式，这个过程前面已经操作过很多次，这里就不再详述细节。在编辑器工具条上点击"编辑器"按钮，在下拉菜单中选择"开始编辑"，弹出"开始编辑"对话框，在其中选择"创建地类"图层，"创建地类"图层就会出现在界面右边"创建要素"面板中，选中"创建地类"图层后会在下方出现构造工具面板，选中第一项"面"工具。

创建多边形面要素

然后在视图中的位图地图上找到有水域的地方并用放大工具 放大显示，本例示范水体的创建。在地图上西北部位置找到一个水库，创建出水库的地块多边形。

创建多边形面要素的绘制过程

此时编辑器工具条上的画线工具呈现灰色显示,无法使用,怎么解决?只需在界面右边"创建要素"面板中选中"创建地类"图层,编辑器工具条上的工具按钮就高亮显示了。

然后沿着位图地图上水库的边界依次用鼠标左键点击放置点即可创建多边形地块。本例中的操作因为主要是做示范,所以操作不是很精细,而是需要在很短的时间里能快速实现基本的效果,读者自己在练习和从事科研或项目工作的时候,可以做精细一点。当画完所有点构成一个封闭图形之后,点右键,弹出下拉菜单并选择"完成草图"选项,弹出"属性"对话框,点击"确定"按钮,这样就创建完一个水体地块了。

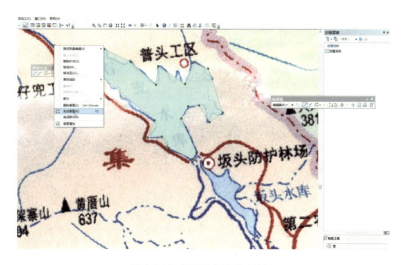

创建多边形面要素的绘制结果

设置符号显示:创建完需要的地块后,要像之前的编辑操作一样,先保存编辑内容再停止编辑。然后点击工具条中的全图工具回到全图里,发现新建的水体看不清楚,这时可以进入"符号选择器"对话框更改一下符号显示,如更改水体颜色为蓝色,如果还是不清楚,可以将最底下的背景地图取消勾选和显示。

第 67 节　创建线要素（二）

接下来介绍怎样创建线要素。

➢ 方法和前面是一样的，点击 ArcMap 界面上方工具条里的 ArcToolbox 红色工具箱；

➢ 在工具列表里找到"数据管理工具"，并点击左边的加号＋；

➢ 出现下拉列表后找到"要素类"选项打开；

➢ 出现新的下拉列表后找到"创建要素类"选项；

➢ 双击"创建要素类"选项打开"创建要素类"对话框。

创建要素类："创建要素类"对话框中"要素类位置""坐标系"的设置和上一节是一样的。"要素类名称"设置为"线创建"，"几何类型"选择线（POLYLINE）。

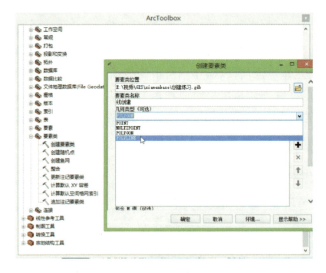

创建线要素

注意：创建过程的坐标系设置如果没有特殊需要，仍然采用"导入"会比较方便一些。前一节已经介绍过详细过程，此处不再介绍。设置完毕之后，点击"确定"按钮后过一会屏幕右下角会弹出显示"创建要素类"成功的绿色对勾。

创建线：此时观察左边图层列表已经有了一个新的图层"线创建"，接下来就在该图层创建线。进入编辑器模式后，在编辑器工具条上点击"编辑器"按钮，在下拉菜单中选择"开始编辑"，弹出"开始编辑"对话框，在其中选择"线创建"图层，则"线创建"图层会出现在界面右边"创建要素"面板中。选中"线创建"图层后，会在下方出现构造工具面板，选中第一项"线"工具。

本例中要示范的线创建是以河流为例。位图地图上河流很多，选哪一条呢？为了使效果高效便捷，选择短一点的河流。接着前面讲的地方，从水库上面延伸出来一条河流，因此先用工具条上的放大工具🔍放大视图。

创建线要素的绘制过程

从图中可见,蓝色地块就是上一节中创建好的水体地块。在该地块右上角沿着地图上已有河流绘制,此时编辑器工具条上的画线工具呈灰色显示,无法使用,只需在界面右边"创建要素"面板中选中"线创建"图层即可,编辑器工具条上的工具按钮就呈高亮显示了。

➢ 沿着水体地块右上角地图上已有河流依次点击鼠标左键放置点,放完所有点结束之后点右键;
➢ 弹出下拉菜单选择"完成草图"选项;
➢ 弹出"属性"对话框,点击"确定"按钮。

这样就创建了一条河道,创建完之后若要继续创建,则就继续重复前面的画线操作。这里作为示范,就不再重复介绍这些内容。注意:一定要保存编辑内容再停止编辑。然后点击工具条中的全图工具 全图显示创建出来的河流和水体地块,如果不清楚,可以把位图地图关掉,然后改变一下线的颜色和宽度。

创建线要素的绘制结果

第 68 节 创建要素总结

这里把前面几节课的内容回顾和总结一下。

前面示范了怎样新建多边形、新建线、新建点要素等,并且介绍了两种方式。这几节课的内容是 ArcGIS 空间数据处理非常基础和常用、实用的部分,所以非常重要。因此,有必要把前面的一些内容总结复习一下。

在这些练习操作里,首先需要使用地图来配准。这样的地图都是非常容易找到的,在网上可以找到,在图书馆、书店里也是可以找到的。如果没有配准所需的行政边界,可以创建,如果没有地类也可以创建。地图上这些各类要素都是可以创建的。这里要提醒一下,不仅可以拿一张地图来做要素的创建,同样也可以拿着各类尺度的影像来提取其中的地块、道路等要素。目前广大用户经常使用的一些在线地图网站公司,它们都能出分辨率很高很细的影像,可以具体到某一栋建筑。这些影像都可以截取下来,用来进行地理要素的提取和创建,诸如地类、道路、建筑物、居住小区等。

所不同的是,影像的尺度有差异,本例中的尺度显然比一个小区、一个建筑群要大很多,而使用的方法和思路则是相通的,如要对某一个或某几个小区、公园的影像做分析,那么这个时候它的尺度是比较小的,这时使用图书馆或者书本上的地图就不合适。就像刚才所说的,读者可以去经常使用的、最大的几个在线地图网站搜索所需地区的影像,通过截屏或其他方式提取影像。获得影像后把它加载到软件中,就像前面案例讲解中加载地图图片一样,加载进来之后,就可以给它添加投影系统,在影像上提取要素。这样就可以在小尺度上进行空间数据创建、数据分析等工作,非常方便,所以前面这几节课是非常实用、常用和重要的基础。

第 69 节　捕捉工具

目前,在以位图地图为参考的基础上已经绘制了两个水体地块和两条河流,如果觉得线太细,不好观察,可以在"符号选择器"对话框中把细线加粗一点。

如果在创建线的过程中发现这条河流创建得不是特别精确、画线时画太粗糙了,像笔者前面在示范过程中略略几笔就画完了,这样很不精确需要修改怎么办? 最简单的办法:

➢ 点击编辑器工具条上的选择工具 ▶；

➢ 选中需要删除的线条(浅蓝色高亮显示)；

➢ 右键弹出下拉菜单点"删除"选项,就把线条删掉了；或者选中后直接按键盘上的 delete 键,也可以删除。

删除之后,再重新来画。这一次为了画得细致精确些,需要把局部视图放大一点,更方便操作。然后再次在"创建要素"面板中选中"线创建"图层,在编辑器工具条中点击"线"按钮,在视图中开始绘制线条,画的时候会自动捕捉到一些点,在河流分叉的地方要留一个点,为什么要留一个点? 是为了给下一条分叉的河流绘制时留下自动锁定的参考点。

自动捕捉会捕捉到如多边形的顶点、线的端点这些点。但是有时不需要这些捕捉,因为自动捕捉也可能捕捉到我们不想要的位置上,所以对捕捉也可以进行设置。

捕捉工具:

➢ 点一下编辑器工具条最左边的"编辑器"按钮；

➢ 弹出下拉菜单选择"捕捉"选项；
➢ 弹出二级下拉菜单选择"捕捉工具条"选项；
➢ 弹出"捕捉"工具条，可以看到"捕捉"工具条右边有 4 个按钮，这 4 个按钮就是用来控制捕捉的。

如果读者不知道这些按钮到底是什么功能，可以在 4 个按钮上都点一下，让它们不要被选中，全部关掉。关掉之后再把鼠标光标移到已经创建好的河流上，可见它没有任何反应，它不会再自动跳出来一些捕捉的提示。

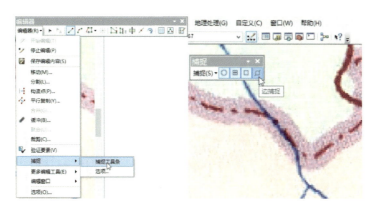

创建要素过程中的捕捉设置

捕捉工具条中第一个按钮的功能是捕捉点，但是目前视图中并没有创建出点要素。在前面的操作训练中，小镇一样的要素就是点要素。所以，虽然把点捕捉打开了，但在视图中也是无点捕捉的。这时可以把小镇图层勾选和显示出来，让小镇的点数据在视图中放大显示后，移动鼠标到小镇的点数据上，即可弹出点捕捉的提示。

第二个按钮是"端点捕捉"。在"创建要素"面板选中"线创建"图层，在编辑器工具条上选中"线"按钮，再把鼠标移到前面创建的河流的端点处，它会给一个提示："线创建：端点"。

创建线要素过程中的捕捉

第三个按钮是"折点捕捉"，什么是折点？在画线过程中会创建和留下很多个折点（鼠标单击一次留下一个点），尤其是改变一次角度、改变一次走向都会留下一个折点。如前面两条河流的交叉处我们会加一个折点，就是为以后创建分叉河流做准备，这就是为什么在前面示范中要留下一个折点。

最后一个按钮是"边捕捉"。"边捕捉"的意思就是在边的中间也是可以捕捉的。在本例中也会用到"边捕捉",如绘制新的河流时,可能就会需要捕捉到现有河流或者其他地块多边形的边,就需要使用"边捕捉"。

创建线要素过程中的捕捉示例

具体在绘图过程中要捕捉哪一个位置,这就视绘图要求而定了。通常是捕捉折点和端点用得比较多。有了捕捉工具,可以让多条线之间产生连接的作用,让制图更加严谨规范,而不会出现间隔、间隙的情况。

第 70 节　参数化绘图

接下来讲一下更精确的画线法。

进入编辑器等步骤省略,前面已经讲过多次。选中"线创建"图层,让编辑器工具条上的"线"工具高亮显示。本例再来示范画一条河流,这条河流可以先画得粗糙一些,然后再示范对错误的校正方式。

画完线条之后,之前介绍的方式是可以把它删掉再重画。但是有时如果要绘制很复杂的线条,就会觉得这样太麻烦,所以也可以把这个错误的点删除(点右键,弹出下拉菜单选择"删除"选项),然后再接着往后绘制。

这一次为了更加精确,如做河流测量的绘制到此处后,下一段往哪个方向走,弯拐了多少度,拐弯后长度又延伸了多少千米?这些都是需要数据精确定位的。在前期做测量的时候已经测量出来了,在绘图的时候怎么绘制?

参数化绘图:

➢ 在删除点的基础上继续绘制,把鼠标放到下一个点的方向,点右键;

➢ 弹出下拉菜单选择"方向"选项;

➢ 弹出"方向"输入框,设定角度(如 160°);

➢ 设定角度之后,线的方向就不能再改到其他方向,这时再一次点右键;

➢ 弹出下拉菜单选择"长度"选项;

➢ 弹出"长度"输入框,设定长度(如 1 千米),这样就确定了一个点的位置。

创建线要素过程中的长度参数化绘图

这样绘制的点的位置就会非常精确,绘制完所有点后,双击鼠标左键完成草图绘制。本例示范了怎样精确画线,是完全数据化的操作,如果读者学过 AutoCAD,再看到这里就会发现这样的一种绘图方式和 AutoCAD 制图是非常相像的,亦即 ArcMap 也是可以精确参数化绘图的。

第 71 节　折点的增加、删除和移动

在线的创建过程中,再示范两个工具。

删除折点:仍然在前一节基础上示范,所以需要进入编辑器并把水库附近放大显示。前面说了,如果一条线的某一个点画错了,最不好的一种方式是把整条线删掉之后再重画,这样是可以的,但是效率很低。还可以点右键,弹出下拉菜单选择"删除折点",然后继续绘制。但是如果有多个折点都画错了就要一个一个去删,这样也是挺麻烦的。

创建线要素过程中删除折点

分割线条：此时可以用编辑器工具条上的"分割工具" ![分割工具] 把这条线切断分割一下，多了的部分切掉再删除。单击编辑器工具条上的"分割工具"，在已经绘制的线条上找一个位置切割，单击一下，弹出"属性"对话框，显示线已经分成了两部分，点击"确定"按钮后可以选择将不需要的部分删除。

移动折点：剩下的线条如果觉得局部点不是特别贴合，画得太粗糙，可以做微调。选中该线条之后，在编辑器工具条上选中"编辑折点"按钮 ![编辑折点]，然后来调整线条。此时就可以移动线条上每个点的位置。

创建线要素过程中移动折点

合并线条：和合并多边形一样，多条线段也可以合并成一段。用编辑器工具条上的选择工具 选择多个相连但分割开的多段线。

➢ 点击编辑器工具条左边的编辑器按钮；
➢ 弹出下拉菜单选择"合并"选项；
➢ 弹出"合并"对话框，点击"确定"按钮。

增加折点：合并为一条线后，再次对该线的点进行调整，当局部形态比较复杂，需要增加点时，在线上相应位置点右键，弹出下拉菜单选择"插入折点"选项，就可以插入一个折点，再移动该点就可以更精细地调整线条形态。

创建线要素过程中增加折点

本节示范了怎样把一段线打散为多段,再把多段合并为一条。合并之后再调整点,有增加折点、删除折点等操作。

第 72 节　多边形面的编辑(一)

关于线创建部分,前面已经讲了很多,接下来继续讲多边形的创建技巧、方法及工具。
注意:每次编辑器里编辑或者创建完要素之后要保存编辑内容,然后再停止编辑。本例依然以"建城区"为例来示范关于多边形创建的方法工具和技巧。

> 单击编辑器工具条上左边的编辑器按钮;
> 弹出下拉菜单选择"开始编辑"选项;
> 弹出"开始编辑"对话框,选择"建成区"图层,界面右边"创建要素"面板中会出现"建成区"图层;
> 选中"建成区"图层,下方同时会出现"构造工具"面板,选中第一项"面"工具。

为了便于观察和操作,在界面左边的图层列表中取消其他图层的勾选和显示,只保留"建成区"和行政边界图层的勾选和显示。把位图地图中有分区城镇的部分放大显示,前面的课程中已经创建了部分多边形的建成区地块,已经用红色多边形图块显示,本例就在这里继续操作进行示范。

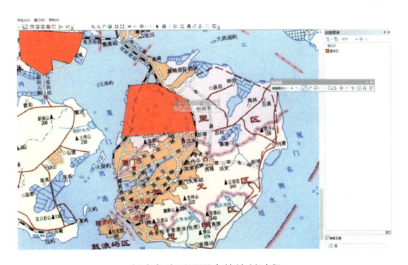

创建多边形面要素的绘制过程

裁剪面工具:以同样的方式可以连续创建多个多边形面,相邻的部分在创建过程中可以重叠。重叠部分在后期可以处理,多余的部分可以裁掉。裁剪方式是在编辑器工具条上选中"裁剪面工具",选中之后在多个重叠的多边形交界线处画一条裁剪线,因为有自动捕捉,这条裁剪线会很好地沿着交界线绘制,而不会出问题。画完线之后点右键弹出下拉菜单点"完成草图"选项,弹出"属性"对话框,点击"确定"按钮。这时就可以裁剪了,裁剪完后,可见高亮显示(浅蓝色边界)的多边形中间多了一根线(浅蓝色边界),表示这是两个多边形,操作过程如下图所示。

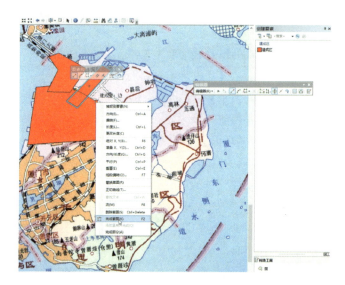

创建多边形面要素的绘制结果

更改选择方式:选中重复的部分删除,此时重复的地块可能不容易选中。用编辑器上的选择工具▸点击容易被选中的大块多边形;改用框选,与矩形框相交的多边形部分都被选中了,这显然是我们不希望的。

这样就需要改变一下选择方式,点击界面上方"选择"菜单,弹出下拉菜单选择"选择选项",弹出"选择选项"对话框,把选择方式从默认的第一种"选择部分或完全位于方框或图形范围内的要素"切换到第二种"选择完全位于方框或图形范围内的要素"。第一种表示选择矩形框到哪,对象和内容只要是部分或者是完全在这个框里,都会被选中,前面的示范都是采用的此方式。第二种表示要完全被画出的选区框住才能够被选中。

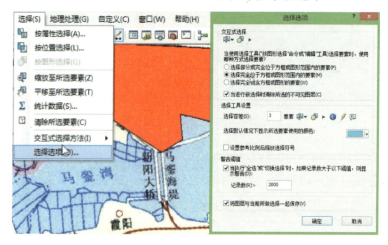

创建多边形面要素过程中的选择设置

切换为第二种选择方式后,在视图空白处点一下,然后拉选框,这一次只有完全被框选住的多边形才能被选中。将框选重复的多边形删掉,可以用键盘上的 delete 键或点右键弹出下拉菜单选"删除"选项。

由于更改了选择方式,现在就不能单击选择要素了,必须框选。这也是第二种选择方式的一个劣势,所以读者要熟悉每种方式和工具各自的优、劣势,才能在学术科研项目工作中随机应变,按需求切换。

编辑折点:对第二个多边形的重复部分进行处理,这一次采用另外一种方式——编辑点。选择编辑器工具条上的"编辑折点"工具,然后移动多边形的顶点,让它退到边界上,这样两个多边形就只是相邻关系,而不存在重叠。

创建多边形面要素的编辑折点

插入折点:当然,有时由于地块或者图形复杂,仅仅移动点是不够的。这时可能就需要添加点,先选中要添加点的多边形,单击右键,弹出下拉菜单,选择"插入折点"选项,再移动新增加的点,因为开启了自动捕捉功能,所以移动点的过程中可以很好地贴合多边形的边界,操作完后在空白处单击一下。读者在操作过程中有时可能会发现右键点击多边形并没有出现"插入折点"选项,这是由于编辑器工具条上的"编辑折点"工具没有选中,选中该工具再试试就会有了。

创建多边形面要素的插入折点

第 73 节　多边形面的编辑（二）

在接下来新的地块创建过程中，尽量介绍一些新的工具和方法。

参数化绘图：和前面创建线一样，创建多边形也是可以使用参数化绘图的，可以像画线一样定义方向和长度。接着前面的操作，继续绘制新的多边形地块，点击第一个点之后，鼠标往右边拉，点击鼠标右键，弹出下拉菜单选择"方向/长度"选项，弹出"方向/长度"输入框，按照实际调研测绘的位置参数输入数据，就自动确定了一个点。

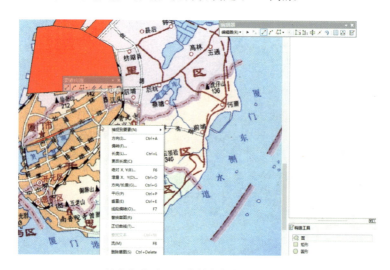

创建多边形面要素的参数化绘制过程

定义平行：接着再往下绘制其他点，如果发现多边形地块的两条边存在平行情况，可以在绘制过程中点右键，弹出下拉菜单选择"平行"选项，然后点击"要素构造"工具条上的平行按钮，在正在绘制的多边形中选择要与之平行的边，这样在拉动鼠标过程中就会发现方向已经锁定了，只能确定距离和长度。

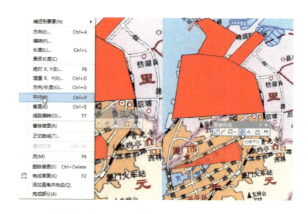

创建多边形面要素的参数化绘制过程示例

裁剪面：绘制完线条后，双击结束草图绘制，就创建了新的一块多边形面，但新的这块面由于绘制粗糙，占用了一些水体的空间，所以需要裁切出水体。为了观察新建地块后面水域的空间位置，在"符号选择器"对话框中把新建多边形建成区的符号显示设置为红色边界，无填充，这样就可以查看背景地图上的形态了。然后点击编辑器工具条上的"裁剪面工具"按钮，在地图上绘制水体的多边形，绘制完之后前面创建的地块就会被裁剪为两块，然后框选中间的水体地块删除，就留下建成区地块了。

创建多边形面要素的裁剪面

合并面：接下来再在前面裁剪过的地块旁画一个建成区多边形地块，由于这两块是相邻的，有一条长边重叠，因此可以把它们合并为一块。

➢ 点击编辑器工具条上的选择工具 ▸；
➢ 框选两个地块（边界呈浅蓝色高亮显示）；
➢ 点击编辑器工具条上左边的编辑器按钮；
➢ 弹出下拉菜单选择"合并"选项，弹出"合并"对话框，点击"确定"按钮，这样两个多边形地块就合并在一个里了。

创建多边形面要素的合并面

 第 74 节　多边形面的编辑（三）

上一节介绍了精确的制图方式——参数化制图。参数化制图在很多工程设计软件里都有使用,像前面介绍的 AutoCAD 软件、工业机械行业里的 Pro/E 软件等。前面的示范中介绍了 ArcMap 的参数化制图,本例再介绍参数化制图的其他知识和操作。

仍然在编辑器模式下操作,再次画地图上左边的其他地块。前面介绍了"方向/长度"等方式确定点的位置,本例则通过输入坐标来进行精确定位。先点击鼠标确立几个数据点,在要输入坐标定位的位置点点击右键,弹出下拉菜单选择"绝对 X、Y"选项,弹出"绝对 X、Y"对话框,在输入框中输入测绘过程中使用 GPS 获取的数据点精确数据。

创建多边形面要素的参数化绘制过程

前面示范了几个地块的创建,如果需要对每一地块的属性数据做精细的数据编辑和录入,就可以通过操作"属性表"来完成。

先创建字段。创建字段前,需要先将创建的地块数据保存一下,再停止编辑。

- 点一下编辑器工具条最左边的"编辑器"按钮;
- 弹出下拉菜单选择"保存编辑内容"选项,再一次点击"编辑器"按钮;
- 弹出下拉菜单选择"停止编辑"选项;
- 在图层名称上点击右键;
- 弹出下拉菜单选择"打开属性表"选项;
- 弹出"属性表"对话框。

这些操作之前都已经用过很多遍了,这里就做综合复习和练习。

创建字段:在弹出的"属性表"对话框左上角点击"表选项"按钮,弹出下拉菜单选择"添加字段"选项,设置字段名为"地块名称",设置字段类型为"文本"。

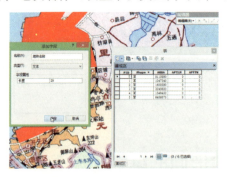

创建多边形面要素过程中的数据字段添加

数据录入：创建好字段后，就在字段中进行数据的录入和编辑，这时需要再次进入编辑器模式下操作。

➢ 点击编辑器工具条上左边的"编辑器"按钮；
➢ 在下拉菜单中选择"开始编辑"；
➢ 弹出"开始编辑"对话框选择"建成区"图层，然后在属性表中新增加字段下的空白格中输入地块的名称。

创建多边形面要素过程中的数据字段录入

这里需要注意，增加字段需要退出编辑器才能添加，而对字段中数据的编辑和输入则需要进入编辑器才能操作。

输入地块名称的时候要根据位图地图上的标注进行，找到每一个创建的地块对应位图地图上哪个名称。检查的方式就是单击属性表中最左边的方块，点中后这一行会呈浅蓝色高亮显示，并且视图中对应的多边形地块也会呈高亮显示（浅蓝色边界），这样就可以知道位图地图上该地块的名称了，然后将名称输入属性表。

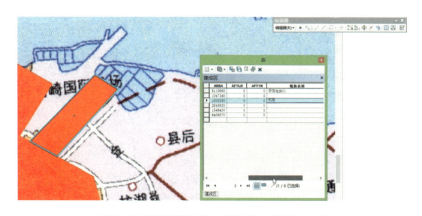

创建多边形面要素过程中的数据字段录入结果

录入完字段里的数据后，要保存编辑内容再停止编辑，如果不保存就停止编辑，前面的工作就全部白费了。

第 75 节 线的缓冲

接下来示范线要素向面要素的转换。

首先要创建一条线。打开编辑器工具条开始编辑,选"道路创建"图层。注意:本例是打算示范道路这类线要素的创建,但为了节省时间和操作方便,就直接在该图层创建道路。读者也可以新建一个文件专门用作创建道路,创建新文件的方式在前面的示例中讲过多次,此处就不再重复讲述。将线要素转变为面要素的原因是道路都有宽度,因此在现实中是一块面。

先画线,在右边"创建要素"面板中选中"线创建"图层,在位图地图上绘制道路,过程比较简单,就不再详细介绍。

线要素的缓冲

缓冲:绘制完上述道路后,保存编辑内容,再停止编辑。然后再一次在编辑器工具条上点"编辑器"按钮,在下拉菜单中选"开始编辑"选项,弹出"开始编辑"对话框,这一次选择"建成区"图层,因为变成面之后的道路就是建成区的一部分。然后点击编辑器工具条上的选择工具 ,选中前面创建的道路线条。这意味着虽然当前处于对"建成区"图层的编辑,却可以选中其他图层的要素,但是不能删除这些要素。选中道路线条后点右键发现下拉菜单中的"删除"选项是灰色的,这时再次点击编辑器工具条左边的"编辑器"按钮,在下拉菜单中选"缓冲"选项,弹出"缓冲"对话框,在输入框中设置宽度。道路因为级别差异、建设标准差异,其缓冲距离的设置也是不一样的,读者可查阅相关道路规划设计、建设标准设置缓冲宽度。

下篇 ▶ 第七章 矢量数据创建与编辑

线要素的缓冲设置

点击"确定"按钮后，就会产生一块面，如果看得不是特别明显，可以将"道路创建"图层去掉勾选，就可以看到之前创建道路处多了一块面，这个面就是道路缓冲之后产生的面。这里再多说一下，可以依次创建道路并把每一条道路都缓冲为面。另外一种设置缓冲的方式是：直接在"地理处理"菜单的下拉选项中选择"缓冲区"选项，不过那就是对整个文件进行缓冲操作了，而这里只是对文件里某一条线段、某一条道路设置缓冲。这就是编辑器菜单里的"缓冲"和"地理处理"菜单里"缓冲区"的差别，ArcToolbox 里也有一个缓冲，和"地理处理"菜单里的操作设置差不多。

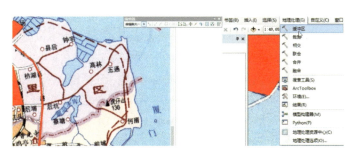

"地理处理"菜单下的缓冲选项

第 76 节 标注的添加

接下来讲一下新建道路数据的字段标注。前面在创建多边形地块的过程中就新增加了字段并对每一个地块进行了地块名称的标注。本例则以类似方式对每条道路的名称予以标注。

添加字段：读者应该记得前面的内容，要增加字段就要退出编辑模式，先将前面创建的数据保存，再停止编辑。

- 退出编辑模式后，双击"道路创建"图层的图层名；
- 弹出下拉菜单选择"打开属性表"选项；
- 属性表左上角点击"表选项"按钮；

165

➤ 弹出下拉菜单选择"添加字段"选项；

➤ 弹出"添加字段"对话框，字段名称设置为"道路名称"，字段类型选"文本"，长度设置为默认的"50"，点击"确定"按钮。

录入数据：回到属性表，拖动水平滑块到最右边，找到新增加的字段。再次点击"编辑器"按钮，在下拉菜单中选择"开始编辑"。查阅每条道路在地图位图上对应的名称，输入新增加字段"道路名称"的空白格中。

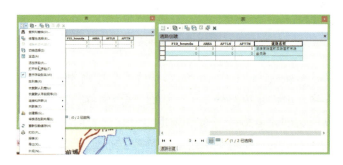

属性表字段的录入

查看每条道路在位图地图上和属性表之间对应关系的方式是：选择视图中的一条道路，道路会呈浅蓝色高亮显示，同时在属性表中对应的一行数据其背景色也会呈高亮显示，这样就知道数据表中每一行道路数据在位图地图上的名称了。

标注字段：在属性表中创建完道路名称后，保存编辑内容，再停止编辑。接下来再把道路的名称添加到地图里。双击图层名称打开"图层属性"对话框，然后在对话框里找到"标注"选项卡，勾选第一项"标注此地图中的要素"，标注字段选择"道路名称"。点击"应用"按钮，但标注文字显示不太清楚，视图中有点多，字体太小。可以将除"道路创建"之外的图层都取消勾选和显示。

在"图层属性"对话框"标注"选项卡中，设置字体为"微软雅黑"这种比较粗一点的字体，大小也可以设置得大一点，再次点击"应用"按钮观察标注效果，直到达到比较满意的效果为止。

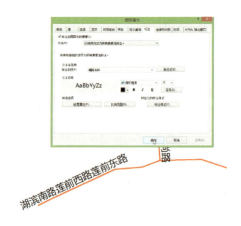

标注字段的添加

第八章
栅格数据处理与分析

第 77 节　矢量转栅格

接下来的课程讲一下栅格。除了矢量数据,栅格也是 ArcGIS 空间分析、数据处理、制图里非常重要的部分。因此从这节开始讲栅格分析、栅格和矢量数据之间的转换,第一部分将示范怎样将矢量转为栅格。

新建文件:
- 在界面上方菜单中点击左边的"文件"菜单;
- 弹出下拉菜单点"新建"选项;
- 弹出"新建文档"对话框,在新建文件的路径指定中,弹出路径目录对话框,点击最右边的创建图标,新建一个名称为"栅格"的地理数据库,选中该数据库并点击对话框中右下角的"添加"按钮。

新建地理数据库文件

加载图层:新建文件后要添加新的图层进来,有多种方式。可以点界面上方工具条的加号来添加,这是之前常用的;也可以在界面右边单击"目录",出现文件目录,然后拖动对应的文件到视图中来。

本例首先要加载的矢量文件是居住用地，然后对它进行栅格的转换。同时本例也把前面讲解过的一些内容综合练习和复习一下，如探索居住用地里比较大的斑块是哪些部分，然后把这些斑块选中并转化成栅格。

按属性选择：这涉及按属性数据表选择，读者应该还有印象。右键点图层名称，弹出下拉菜单选择"打开属性表"选项，属性表左上角点击"表选项"按钮，弹出下拉菜单选择"按属性选择"选项，弹出"按属性选择"对话框，这个对话框里的设置方法和细节，读者可以翻阅前面讲的内容，这里就简要叙述下过程。找到并双击"AREA"（面积）字段，该字段名称出现在下面的输入框中，再选择运算符号，最后所得数据库查询语句如下：

"AREA">=4 AND "AREA"<=20

输入语句后点击"应用"按钮。如此面积在4~20平方千米之间的地块都被选中了，这些地块在视图中（浅蓝色边界）和属性表中（浅蓝色背景）都呈高亮显示。

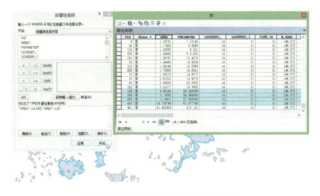

按照属性表字段属性选择数据

导出数据：大的斑块被选中之后，要让它成为一个独立的文件和图层。
- 右键点击图层名称；
- 弹出下拉菜单选择"数据"选项；
- 弹出二级下拉菜单选择"导出数据"选项；
- 弹出"导出数据"对话框，导出所选的要素，设置名称"居住4-20"。

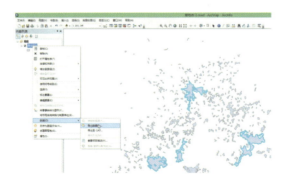

选择数据并导出

接下来，把已经提取出来的居住用地矢量数据做栅格转换。上一节的示例意义在于告诉读者不仅可以对整个矢量数据图层文件进行栅格转换，也可以对部分数据进行栅格转换。需要哪部分数据，就先把它提取出来（如按照属性表选择的方式进行提取），再作为独立的文件对它进行转换。

矢量转栅格：这里提取出来的是面积为 4～20 平方千米的居住用地，以此为例在 ArcToolbox 里进行栅格转换。

> 在 ArcToolbox 工具列表中找到"转换工具"选项，并单击左边的加号＋；
> 在下面列表中单击"转换栅格"选项左边的加号＋；
> 弹出多个工具选项，双击"面转栅格"选项；
> 弹出"面转栅格"对话框，在这里设置输入要素和输出位置等。

ArcToolbox 工具列表的面转栅格

输入要素的选择是点击右边的三角图标，在下拉列表中选取"居住 4-20"图层，也可以直接从左边的图层列表中拖拽图层到界面。再设置"输出栅格数据库"的位置和名称，名称可以命名为"居住 4-20"。这样的名称会不会与已有的"居住 4-20"图层重复呢？虽然名字一样，但是由于转换后的是栅格数据，因此也不会覆盖原来的矢量数据。

ArcToolbox 工具列表的面转栅格设置

更改显示：点击"确定"按钮后，过一段时间，就会在界面右下角显示绿色对勾符号，表示转换成功。转换完毕后，图层会自动添加进软件，取消矢量图层"居住4-20"数据的勾选和显示，视图中就会出现栅格数据的显示，有四个色块。为了避免名称引起的混淆，可以修改栅格图层名称为"居住"。

色彩也是可以设置的，双击图层名称，弹出"图层属性"对话框，找到并点击"符号系统"选项卡，在这里设置显示方式，在前面的课程中已经对这部分做过很多次讲解了，这里就不再详述细节。

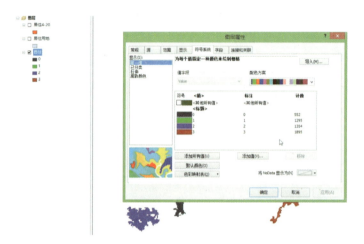

面转栅格后的符号化显示

第78节 DEM 数据

转换而成的栅格数据是比较简单的，它只有4个块面。所以后面的示例中不再使用这样的数据，通常对于栅格处理比较多的是高程DEM这样的数据。

在界面右边的工作目录里，把"栅格.gdb"数据库里高程"栅格练习"这个文件拖入视图中打开。直接拖进来的时候，可能会有一个"地理坐标系警告"对话框，意味着新进来的文件和视图中原有文件的地理坐标系不一致，需要转换。转换的方式前面的课程中介绍过，如果读者在操作中遇到此类情况，可以参阅前面关于转换地理坐标系统的内容。也可以在该对话框中直接点击"变换"按钮转换，弹出的"地理坐标变换"对话框中会列出两种不同的坐标系，让视图中所有文件保持一个统一的坐标系即可。

加载高程数据之后可以看到这个栅格数据是一个方形，它为什么是一个方形而不是行政边界一样的形态？因为数据已经用矩形的方式做了裁切。一般拿到了一张很大的高程影像后，会用研究区的行政边界对高程影像做提取或裁切，这种提取方式一般叫做"掩膜"，后边有机会再给读者详细介绍。打开行政边界数据，可以看到高程影像只是行政边界里的一部分，用于本例的示范和练习。

地理坐标系的变换

DEM 数据加载的结果

打开高程影像后,首先可以对它的显示进行更改。
➢ 双击图层弹出"图层属性"对话框;
➢ 找到并点击"符号系统"选项卡;
➢ 选择显示方式和色带颜色,默认使用黑白灰度来显示,也可以用其他的彩色色带。选择之后,点击"应用"按钮和"确定"按钮,影像就会变为彩色梯度显示。

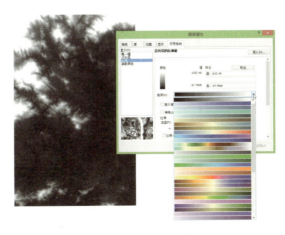

DEM 数据加载的符号化显示

导出数据：拿到高程数据后，把这个数据再备份一份，否则练习到最后可能已经改得面目全非了。

➤ 右键点击图层名称；
➤ 弹出下拉菜单选择"数据"选项；
➤ 弹出二级下拉菜单选择"导出数据"选项，设置路径和名称后点"保存"按钮。

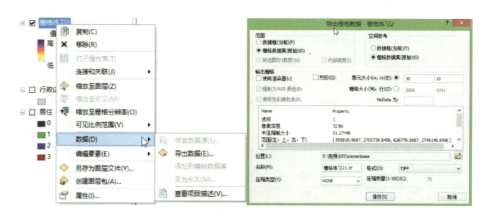

DEM 数据的导出设置

更改显示：导出数据后，会弹出询问窗口询问是否要把导出去的数据再添加进来，点击"是"后把原来三个练习文件删掉。加载进来之后，它仍然是灰度显示，双击图层名称打开"图层属性"对话框进入"符号系统"选项卡，选择彩色色带来显示，这个在前一节中已经示范过。本例也可以用"已分类"的方式，再选择彩色色带，但是读者应该注意到这种方式和前一节"拉伸"彩色色带之间的差别。本例的方式虽然也是彩色色带，但它不连续，里面的分级数据和色彩也是可以自定义的，色带默认分成了 5 级，读者也可以点击色块对这些颜色进行更改。

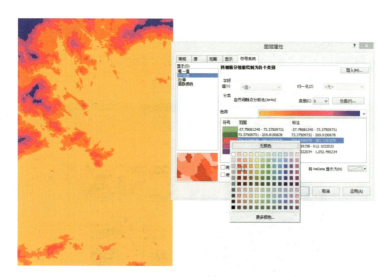

DEM 数据的符号化显示

更改中断值：默认所分的 5 类也可以单击"分类"按钮进入"分类"对话框调整,默认的是"自然间断点分级法",要更改分类方法可点击右边的三角图标,弹出下拉选项更改选择。也可以在下面的坐标图中拖动每根竖线重设 5 级数据的中断值。

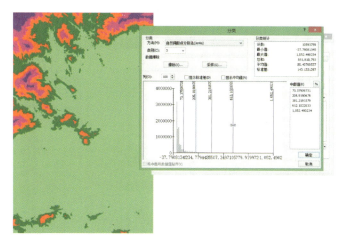

DEM 数据符号化显示中的中断值调整

拖动线这样的方式会快一点,但是容易不精确。除了手动拖动线之外,也可以在对话框中右边的"中断值"一栏更改每个中断值数据,单击一下数据并输入新的数据即可。

第 79 节　栅格重分类（一）

接下来对栅格数据进行重分类。

扩展模块：在进行重分类之前,首先要打开 ArcGIS 的空间分析模块。点一下"自定义"菜单,弹出下拉菜单找到"扩展模块"选项,在弹出的"扩展模块"对话框中勾选"Spatial Analyst"。

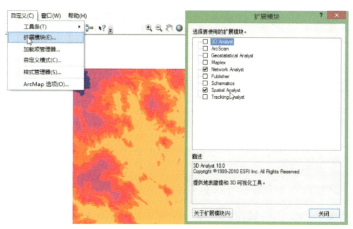

打开 Spatial Analyst 扩展模块

重分类：

➤ 在 ArcToolbox 里找到 Spatial Analyst 工具，并点击左边的加号＋；
➤ 进入下拉选项找到"重分类"选项，并点击左边的加号＋；
➤ 进入下拉选项找到"重分类"工具，选择并双击"重分类"工具打开"重分类"对话框。

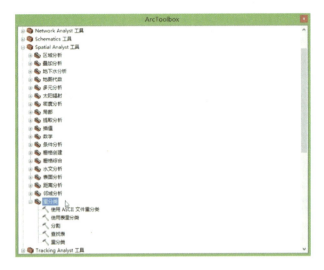

Spatial Analyst 扩展模块的重分类工具

在"重分类"对话框中，把栅格图层拖入"输入栅格"一栏。默认原来是有 5 个级别，也可以重新分级别，这应视研究工作的需要而定。如 200 米以下为一个级别，200 米到 800 米为一个级别，800 米到 1 200 米为一个级别，中间的 200 米到 400 米就可以删掉。"新值"重新命名为连续的 1、2、3，输出的位置读者自定就可以。

重分类设置过程

设置完所有选项后，点击"确定"按钮，在计算过程中等一会，在界面右下角可以看到有个蓝色的进度提示。结束之后，会出现一个绿色对勾显示"重分类" 成功。

从图中可以看到重分类后的高程数据，浅粉色的是高程为 200 米以下（相对比较平缓的一些区域），红色是 200～800 米（一些丘陵地带），深红色是 800～1 200 米（一些山峰）。

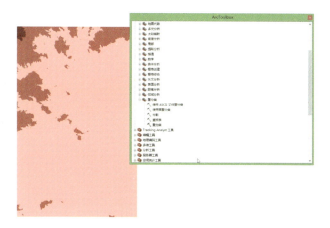

重分类工具及结果

第 80 节　栅格转矢量（一）

　　对栅格进行重分类后，就可以将栅格转为矢量。为什么不一开始就对高程数据进行矢量转换？因为初始的栅格数据虽然不像矢量数据那样连续变化，但也非常精细，从最小的数据到最大的数据，基本是类似连续变化的状态，这时要去转矢量，转出来的矢量里多边形就会非常多，到时要具体使用、辨识哪一块多边形都是很大的麻烦，所以在转矢量之前要对栅格进行重分类，它的意义就在于只是取栅格中符合需求的一部分数据，然后转成矢量，这样就便于后面的数据处理，而不是在转换后再做数据筛选等。

栅格转面：栅格转矢量也是在 ArcToolbox 中进行的。
- 在 ArcToolbox 工具列表中找到"转换工具"选项，并单击左边的加号＋；
- 在下面列表中单击"由栅格转出"选项，并单击左边的加号＋；
- 在下面列表中双击"栅格转面"工具；
- 弹出"栅格转面"对话框。

ArcToolbox 工具列表的栅格转面工具

在"栅格转面"对话框中,把重分类之后的高程数据拖入"输入栅格"一栏,设置完名称和输出路径后点击"确定"按钮。

ArcToolbox 工具列表的栅格转面设置

完成之后,界面右下角会显示绿色对勾 ,表示转换已经成功了,并且会默认把转换后的数据加载到图层里。转换前的栅格数据整个是分成三级,但是转为矢量后,默认显示一种颜色,所以还要对它的符号系统进行重新设定。

分级色彩显示:双击图层名称进入"图层属性"对话框,找到"符号系统"选项卡,可见现在默认是单一符号颜色。找到"数量"选项里的"分级颜色",选择字段"grid_code"进行分级划分,最后点击"应用"按钮。

栅格转面结果

现在就可以看到这样的显示方式和前面栅格的显示方式是一样的,只不过它现在是一个矢量文件。怎样判断它是矢量? 在界面上方工具条里单击选择按钮 ,选一下转换后的数据,可以选中一个一个的多边形图块。

筛选数据并导出:还可以对这些矢量数据按照属性数据进行筛选,并导出为单独的文件。

➢ 右键点击图层名称;
➢ 弹出下拉菜单选择"打开属性表"选项;
➢ 在属性表左上角点击"表选项"按钮;
➢ 弹出下拉菜单选择"按属性选择"选项;
➢ 弹出"按属性选择"对话框,设置执行语句为:"grid_code"=2,点击"应用"按钮后,就会选中高程 200~800 米之间的地块并将其导出为新的文件。

栅格转面结果数据的筛选和导出

第 81 节　栅格重分类与转矢量（二）

前面示范了先对栅格进行重分类，再将栅格转为矢量文件的过程。其中栅格重分类后有 3 个级别，所以转化为矢量文件后，可以对三个级别的图块再分别进行提取。这一节仍然示范栅格重分类和转矢量的操作，所不同的是：为了避免后期转矢量后再分级别提取，本例在栅格重分类时只保留需要转矢量的级别。

重分类：首先对栅格进行重分类。

➢ 在 ArcToolbox 里找到 Spatial Analyst 工具，并点击左边的加号＋；

➢ 进入下拉选项找到"重分类"选项，并点击左边的加号＋；

➢ 进入下拉选项找到"重分类"工具，选择并双击"重分类"工具打开"重分类"对话框，前一节操作过，这里就不再配图。

在"重分类"对话框中，把栅格图层拖入"输入栅格"一栏。默认原来有 5 个级别，也可以重新分级别，这一次只保留需要转矢量的级别，其他都清除。如只保留第四行 400～800 米这一行数据，并且修改其值为 10～100 米，右边对应的新值为 1；第一行修改为最大值 10，右边对应的新值为 NoData；第二行、第三行选中后点击对话框中的"删除条目"按钮；第五行修改数据为 100～1 200 米，右边对应的新值为 NoData。

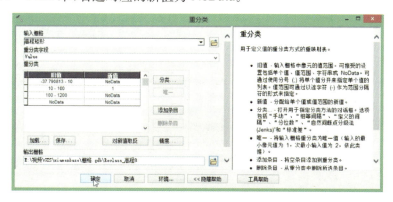

栅格数据的重分类设置

设置完所有选项后,点击"确定"按钮,在计算过程当中需要等一会,在界面右下角可以看到有个蓝色的进度提示,结束之后会出现一个绿色对勾显示"重分类" 重分类 成功,关掉其他图层的显示,即可见 10~100 米数据。

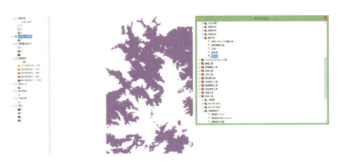

栅格数据的重分类结果

栅格转面:把需要的数据转化成矢量。
> 在 ArcToolbox 工具列表中找到"转换工具"选项,并单击左边的加号+;
> 在下面列表中找到"由栅格转出"选项,并单击左边的加号+;
> 在下面列表中双击"栅格转面"工具;
> 弹出"栅格转面"对话框,这一步操作和前面一样,设置各选项如下图所示。

栅格转面的设置

转换成功后,可见所得矢量图块就只是 10~100 米的地块。

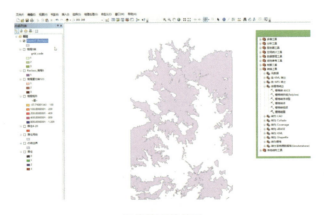

栅格转面的结果

下篇 第八章 栅格数据处理与分析

第 82 节　坡度分析

做完距离分析后,可以对分析结果再一次进行重分类,然后提取并转化成矢量数据。这样的操作和前面在道路、高程部分的操作都是一样的,这里就不再重复讲解,有兴趣的读者可以自己多练习、多尝试。

回到高程数据的练习,本节示范坡度分析。把高程数据打开,打开时可能需要做坐标变换,不管使用哪一个坐标系统,都要保持加载进来的所有图层使用同样的地理坐标系统。

坡度分析:

- 在 ArcToolbox 工具列表中找到 Spatial Analyst 工具,并点击左边的加号+;
- 进入下拉选项找到"表面分析"选项,并点击左边的加号+;
- 进入下拉选项找到"坡度"工具,选择并双击"坡度"工具打开"坡度"对话框。

ArcToolbox 工具列表的坡度分析

在"坡度"对话框中,把高程图层拖入第一栏"输入栅格",并且设置第二栏"输出栅格"的路径、地址及文件名称。

ArcToolbox 工具列表的坡度分析设置

179

然后单击"确定"按钮,最后出现绿色对勾显示"坡度"分析成功。这样就完成了对坡度的分析,同样可以把坡度用"已分类"的方式来显示,分类类别和中断值都可以自定义设置。

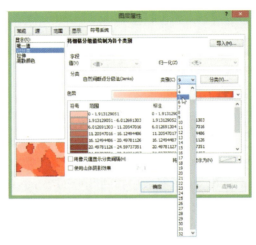

坡度分析结果及符号化显示设置

第 83 节　坡向分析

坡度分析对于山体滑坡、泥石流、各类土地规划建设一类的数据分析、空间分析研究项目是非常重要的。接下来再介绍一下坡向分析。

坡向分析:

> 在 ArcToolbox 工具列表中找到 Spatial Analyst 工具,并点击左边的加号＋;
> 进入下拉选项找到"表面分析"选项,并点击左边的加号＋;
> 进入下拉选项找到"坡向"工具,选择并双击"坡向"工具打开"坡向"对话框。

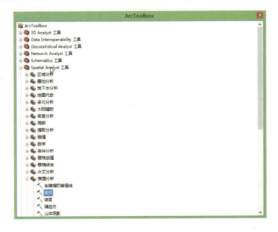

ArcToolbox 工具列表的坡向分析

在"坡向"对话框中把高程图层拖入第一栏"输入栅格",并且设置第二栏"输出栅格"的路径、地址及文件名称。

ArcToolbox 工具列表的坡向分析设置

设置完各个选项后,点击"确定"按钮。最后会出现一个绿色对勾显示"坡向"分析成功。这里的影像是一个方块,并且范围比整个行政边界小很多,所以不方便做掩膜提取。但是如果要使用某一个局部分区的行政边界进行掩膜提取,也是可以的。

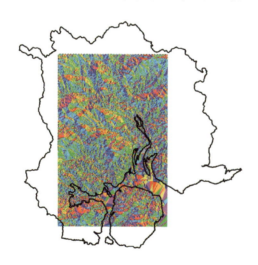

坡向分析结果

第84节　掩膜提取

坡向分析完毕后,虽然不能用整个行政边界对分析结果进行裁剪,但是可以用某一个区的边界数据进行裁剪,只要这个区的边界范围被坡向分析结果覆盖即可。

关闭界面左边内容列表中不必要的图层勾选和显示。首先把整个行政边界中的一个分区的边界绘制出来,绘制多边形的方式和过程在前面的课程中也讲过多次,本例再复习一遍。观察整个行政边界和坡向分析结果图,可见分析结果图覆盖了行政边界中岛的上半部,这里有一个分区,所以我们要把分区边界绘制出来。

打开编辑器工具条,进入编辑模式,打开配准后的位图地图和行政边界矢量图层,在行政边界矢量图层上进行编辑,这些操作过程在前面已经讲解过多次,这里就不再详述细节,不熟悉的读者可以参阅前面内容。需要提示的是,为了将整个行政边界分解为多个独立的多边形,需要在高级编辑工具条中选择"拆分多部分要素"按钮进行打散拆分,然后再画线将中间的岛分为南北两个分区。

分区边界的获取

编辑完毕后记得保存编辑内容再停止编辑。此时再用界面上方工具条中的选择工具就可以选中岛的上半部分了。选中后,边界呈浅蓝色高亮显示,把选中的这个分区行政边界导出为独立的文件数据:

➢ 右键点击"行政边界"图层名称;
➢ 弹出下拉菜单选择"数据"选项;
➢ 弹出二级下拉菜单选择"导出数据"选项;
➢ 弹出"导出数据"对话框,第一栏"导出"选择"所选要素",设置完其他选项后点击"确定"按钮,并把导出的数据自动加载到界面中作为新的图层。

接下来就可以用导出并新加载的分区边界数据做掩膜提取。

按掩膜提取:

➢ 在 ArcToolbox 工具列表中找到 Spatial Analyst 工具,并点击左边的加号+;
➢ 进入下拉选项找到"提取分析"选项,并点击左边的加号+;
➢ 进入下拉选项找到"按掩膜提取"工具,选择并双击"按掩膜提取"工具打开"按掩膜提取"对话框。

设置选项: 在"按掩膜提取"对话框中,把坡向分析结果的栅格拖入第一栏"输入栅格",并且设置第二栏"输入栅格数据或要素掩膜数据"为分区行政边界图层,设置"输出栅格"的路径、地址及文件名称,路径的文件夹名称和文件名称可以为英文名。然后单击"确定"按钮,软件会花点时间进行计算,最后出现绿色对勾 显示"按掩膜提取"成功。

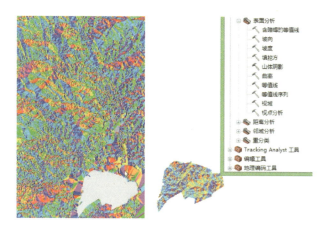

坡向分析后掩膜提取结果

 ## 第 85 节　山体阴影分析

分析完坡度、坡向后,本节再对这样的高程影像做山体阴影的分析。

山体阴影分析:

> 在 ArcToolbox 工具列表中找到 Spatial Analyst 工具,并点击左边的加号+;
> 进入下拉选项找到"表面分析"选项,并点击左边的加号+;
> 进入下拉选项找到"山体阴影"工具,选择并双击"山体阴影"工具打开"山体阴影"对话框。

在"山体阴影"对话框中,把高程图层拖入第一栏"输入栅格",并且设置第二栏"输出栅格"的路径、地址及文件名称,其他选项按默认即可。然后单击"确定"按钮,界面右下角出现绿色对勾显示"山体阴影"分析成功。

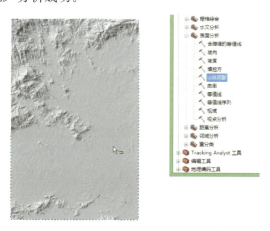

ArcToolbox 工具列表的山体阴影工具及分析结果

第 86 节　空间插值

接下来示范空间插值。

先把现有数据整理一下,把镇中心和行政边界的数据打开,其他图层取消勾选和显示。把镇中心图层导出为一个新的文件,导出过程不再细述,导出文件名称为"人口密度",再把该文件添加到界面里作为一个图层,然后把镇中心图层移除。

编辑数据: 接下来清理一下图层中的数据点,然后再添加一个人口密度的字段并录入数据。在编辑器里开始编辑,"创建要素"里选"人口密度"图层,它是一个点要素的文件和图层。将一些不必要的点清理一下,清理完后剩下的点如下图所示。

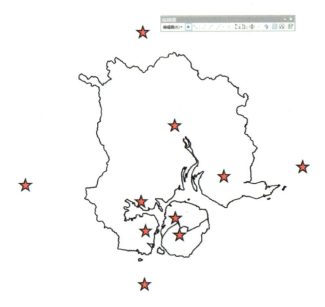

点要素创建及符号化显示

添加字段:

➢ 右键点击图层名称;

➢ 弹出下拉菜单选择"打开属性表"选项;

➢ 在属性表左上角点击"表选项"按钮;

➢ 弹出下拉菜单选择"添加字段"选项,注意添加前要先退出编辑器模式,添加的新字段名称为"人口密度"。

录入数据: 添加完字段后要做新字段数据录入,录入数据需要再次进入编辑器模式。点击"编辑器"按钮,在下拉菜单中选择"开始编辑",双击"人口密度"字段下的空白格,录入每个点数据的人口密度。在实际的学术科研和项目工作中,这些数据都是实际调研采集和计算得出的,而在本例的示范教学中,则是以输入的近似数据来演示此工作,结果如下图所示。

插值: 录入完毕后,保存编辑内容再停止编辑,然后开始做插值。

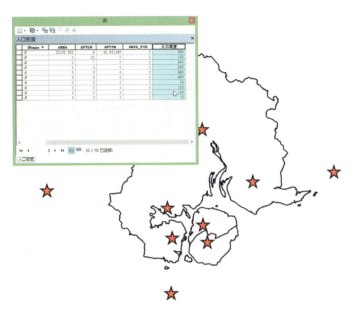

给添加的数据录入属性数据

➤ 在 ArcToolbox 工具列表中找到 Spatial Analyst 工具,并点击左边的加号＋;
➤ 进入下拉选项找到"插值"选项,并点击左边的加号＋;
➤ 进入下拉选项找到"反距离权重法"工具,选择并双击"反距离权重法"工具打开"反距离权重法"对话框。

ArcToolbox 工具列表的插值工具

在"反距离权重法"对话框中,把人口密度图层拖入第一栏"输入点要素",设置第二栏"Z值字段"为"人口密度"字段,设置第三栏"输出栅格"的路径、地址及文件名称,其他选项可以默认。然后单击"确定"按钮,最后出现绿色对勾显示成功。

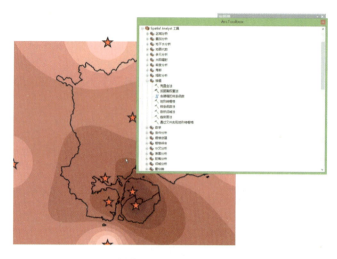

插值工具及分析结果

最后,读者可以想想:为什么要保留行政边界以外的四个点数据?其意义何在?

有关空间插值意义和内涵的学术解释,读者可以查阅相关资料。简单来讲,空间插值是通过已经掌握的若干有限数据推算出在一定范围内所有像元的数据值。前面的例子中,最开始只有几个点数据的值,通过插值获得了一张覆盖全行政边界的栅格图,所以空间插值在两个点的值中间做过渡和连接,以将离散的值变为类似连续的系列值。其中,已经掌握的有限数据点可以是通过调研或查阅资料获取的。此外,为了用行政边界对最终的栅格做掩膜提取,数据点的范围需要大于行政边界。

插值之后可以对显示方式进行调整。在图层属性的"符号系统"选项卡中,默认采用"已分类"的方式分为 9 类,类别越多,栅格图面显示越近似连续;反之,则呈现比较粗糙的梯度显示,读者可以自行调试更改该参数看看结果。也可以采用"拉伸"的显示方式,这是一种类似连续的显示方式(至少看起来是连续的,实际上它并不是连续的),因为栅格不同于矢量,它本身就不是连续的。

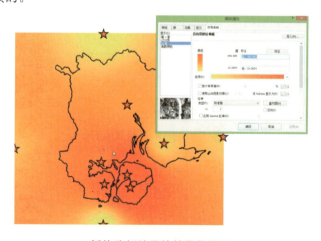

插值分析结果的符号化显示

第 87 节　插值后掩膜提取

接下来对插值结果进行掩膜提取。

按掩膜提取：图层列表中只勾选和显示行政边界图层和空间插值栅格图层。

➤ 在 ArcToolbox 工具列表中找到 Spatial Analyst 工具，并点击左边的加号＋；

➤ 进入下拉选项找到"提取分析"选项，并点击左边的加号＋；

➤ 进入下拉选项找到"按掩膜提取"工具，选择并双击"按掩膜提取"工具打开"按掩膜提取"对话框。

设置选项：在"按掩膜提取"对话框中，把空间插值分析结果的栅格拖入第一栏"输入栅格"，并且设置第二栏"输入栅格数据或要素掩膜数据"为行政边界图层，设置"输出栅格"的路径、地址及文件名称，路径的文件夹名称和文件名称可以为英文名。然后单击"确定"按钮，最后出现绿色对勾 显示"按掩膜提取"成功。提取出来之后，默认是呈灰度显示的，可以在"符号系统"选项卡里把显示方式调整一下，具体方式和参数设置读者可以自己多尝试，本例调整结果如下图所示。

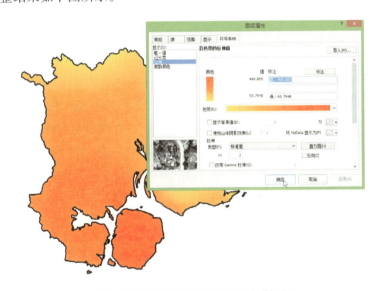

插值分析结果的符号化显示和掩膜提取

从图中可以看出，岛内初始数据点的人口密度就很大，读者可以翻阅前面内容中属性表的人口密度字段值，所以该部分呈红色显示。而在远离沿海线的区域——丘陵和山体地带，人口密度就小很多，如北边和东边。在插值基础上还可以做很多分析工作，如重分类、栅格转矢量等，这里就不再介绍了，有兴趣的读者可以翻阅前面的内容。

第九章
ArcCatalog 基础操作

 第 88 节　新建文件

在接下来的课程里，介绍一下 ArcCatalog 的操作，也是 ArcGIS 学习的一个基础部分，包括文件管理、文件创建、文件查看等内容。这一部分内容虽然不多，但是很实用。

首先打开 ArcCatalog，在界面左边有一个目录树。目录树里，第一个是"文件夹连接"，表示有哪几个文件夹是工作目录，文件都存储在这些工作目录里。如果要添加一个工作目录或某一个项目到 ArcCatalog 的工作环境，可以在"文件夹连接"上点右键，弹出下拉菜单选择"连接文件夹"选项，弹出"连接文件夹"对话框，在电脑硬盘上依次选进去，找到对应的工作目录或某一个项目。

一般情况下，不要把工作目录放在 C 盘，最好放在一个专用硬盘分区里，避免数据丢失。如果不需要再使用某个文件夹作为工作目录，可以把它关掉。其操作方式是右键点击文件夹的名称，弹出下拉菜单选择"断开连接文件夹"选项就可以了，连接和断开操作如下图所示。

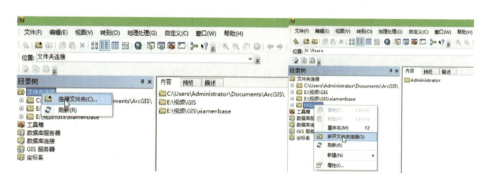

ArcCatalog 中的连接和断开

在笔者这边，工作目录就放在 E 盘下的 GIS 文件夹里，进入这个文件夹后，就会看到有很多的文件，是之前作为示范教学已经准备好的一些文件。

这些文件的排列和显示方式可以在视图上方的工具 中切换。这些排列方式和在电脑硬盘文件夹里的排列显示是差不多的，可以横向大图标、纵向列表排列，操作都非常简单、直观。

可以查看工作目录里包含了哪些文件、哪些文件夹，同时也可以新建文件和文件夹。新建的方式是：右键点目录，弹出下拉菜单选择"新建"选项，弹出二级下拉菜单就会有很多选项，如常见的"文件夹""数据库""shapefile"等。

这里示范一下练习方式和过程。最常用的是文件夹创建，点击目录左边的加号＋，展开后可见所有的文件，这里没有文件夹。

➢ 右键点击目录名；
➢ 弹出下拉菜单选择"新建"选项；
➢ 弹出二级下拉菜单选择新建"文件夹"，命名为"矢量练习"。

ArcCatalog 中新建文件

以同样的方式再新建文件夹，命名为"栅格练习"。

➢ 右键点击文件夹名；
➢ 弹出下拉菜单选择"新建"选项；
➢ 弹出二级下拉菜单选择新建"文件地理数据库"，重命名为"栅格练习数据库.gdb"。

这个数据库和文件夹有什么区别？文件夹里可以放各种各样的不同类型文件，如数据库、shapefile 文件、栅格文件等，但是数据库里通常要放相关的地理空间数据，以避免数据混淆。

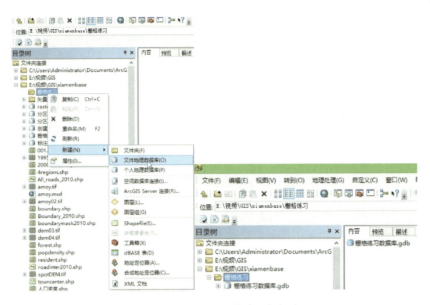

ArcCatalog 中新建文件地理数据库

➤ 右键点击新建的"栅格练习数据库.gdb";
➤ 弹出下拉菜单选择"新建"选项;
➤ 弹出二级下拉菜单选择"要素类",可以在这里继续新建数据。

ArcCatalog 中新建要素文件

弹出"新建要素类"对话框后,给新建的文件命名为"行政边界"。也可以给它取个别名,这里名称改一下,用英文名"boundary",别名用中文名"行政边界"。它的数据类型是"面要素"。通常用得最多的就是面、线、点这三个要素。然后点击"下一步",给文件添加地理坐标和投影坐标。在地理坐标下，依次进入文件目录选择，其中 WGS 1984 是本书中用得比较多的坐标系，双击该坐标系就可以确定下来。这个操作过程在前面的章节中也有介绍，这里就不再细述，不熟悉的读者可以翻阅前面对选择坐标系的介绍。

投影坐标通常是用"UTM"里的"WGS 1984"，然后选北半球以及对应的编号。编号主要是看经度，查研究区所在经度的区间即可确定。点击"下一步"后设定容差，这要视研究要求而定，没有特殊要求选默认就可以了。继续点"下一步"，最后就是字段的设置。

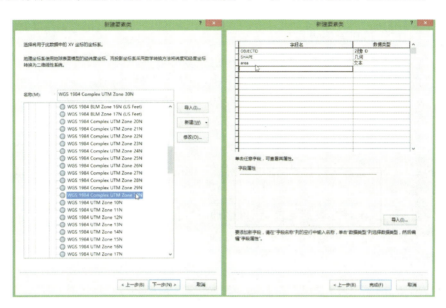

ArcCatalog 中新建文件对坐标系和字段的设置

数据类型里常用的几个选项是什么意思？短整型就是整数的位数比较短（二进制位长是 16 位），长整型也是整数，位数可以比较长（32 位）。长整型可以表示位数更多的整数，浮点型可以是小数。在下边有别名的设置，允许空值，因为面积数据是可以计算出来的。如果不允许空值，就有必要设置一个默认值。因为不允许空值，所以每一个数据格里必须有数据，这时就可以先预设添加一个默认值（尤其在数据不变且确定的情况下），在后面再编辑修改。

继续添加字段——周长。设置名称为"Peri"，这是 Perimeter（周长）的缩写。同样的，也把数据类型选择为浮点型，因为它通常会有小数。别名设置为"周长"，不允许空值，默认值设定一个常量。再在属性表中右键点击字段，弹出下拉菜单后选择"计算几何"选项完成对周长的计算。

还可以再添加一些其他的字段。数据有多少个属性，则每个属性都应有一个字段，如"人口"等。再创建一个关于人口数据的字段，字段名为"Pop"，数据类型是长整型，别名是"人口"，允许空值，后面在获取人口数据后，再添加具体数值。添加完所有需要的属性字段后，单击"完成"按钮。这样就创建了一个新的矢量文件，类型是多边形面，并且带有一些属性。

第 89 节　新建和导入要素

➢ 如果还需要继续在数据库里创建文件,可以再一次右键点该数据库;
➢ 弹出下拉菜单点"新建"选项;
➢ 弹出二级下拉菜单点"创建要素类"选项。

这一次创建线要素,名称设置为"River",别名设置为"河流",然后点击"下一步",后面的操作都是同样的,这里就不再重复演示了。

创建该线要素文件之后,就可以在 ArcMap 里对该文件进行操作,如创建河流、道路等线要素。当然,如果是要创建河流,它应该是一个独立的文件,而道路则应该是另外一个文件,不能把两个要素放在同一个文件里。同样的,也可以在这里创建点要素。总之,可以在 ArcCatalog 里创建多个文件,再在 ArcMap 里进行编辑。

文件创建完成后,在数据库这边点击加号＋,就可以看到里面有一个文件,除了可以在这里通过新建的方式创建文件之外,也可以创建其他的内容,如要素数据集,还有栅格目录、栅格数据集等。

除了通过"新建"来建立数据之外,还可以通过"导入"把数据放到数据库里。在下拉菜单中选择导入选项,弹出二级下拉菜单选择要素类(单个),弹出"要素类至要素类"对话框,把某一个数据导进来。

ArcCatalog 中导入文件

在对话框中"输入要素"一栏,可以进入目录文件夹选择文件,也可以直接在左边列表中拖动文件到对话框"输入要素"一栏。拖进来之后,就可以看到在下边字段映射这里有很多字段。对于不需要的字段,右边点击删除符号 × 删掉。这样确定最终要留下哪些字段之后,就可以把它作为一个新的文件,导入数据集里,并且输出一个要素文件,命名为一个新的名称,如"建设用地",然后再点击"确定"按钮。

导入完成之后,需要右键点击 gdb 数据库,弹出下拉菜单选择"刷新"选项刷新一下,新导入的数据"建设用地"才会显示出来。显示出来后还可以预览,也就是在视图里通过左边的 content 选项卡查看数据库中有哪些文件。目前里面有两个文件,点击一下"建设用地"文件,它和前面"boundary"文件的不同在于它是有内容的,这个内容可以通过"预览"选项卡查看。点击"预览"选项卡,就可以看到地类的空间分布。同时也可以点一下右边的"描述"选项卡,就会出现一些信息,如摘要、描述等。

再一次回到"预览"选项卡,可以在菜单下的工具条里选中查看信息图标,选中之后,鼠标会带一个小黑块图标。此时,当选中某一块多边形数据后,可以看到弹出一个对话框,在对话框里就会出现一些信息,如有哪些字段等。

在这里就可以检查前面在导入数据的时候哪些字段留下了,哪些字段已经被删除了。

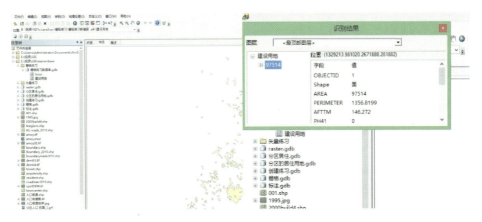

ArcCatalog 中对文件信息的识别

第 90 节　导出文件

导入建设用地后,在必要的情况下,也可以把它导入另外一个数据库里,其操作方式是:右键点文件,弹出下拉菜单选择"导出"选项,把它转化为新的 shapefile 矢量文件。在"导出"对话框中输出位置设置一下,选择要在哪个数据库里使用它,如"分区居住.gdb"。假设在新的工作环境中要着重研究建成区,就把它命名为"建成区"。

在对话框下面有字段,将一些不需要的字段关掉,再点击添加符号添加一些字段,添加的字段根据研究需要而定。如要研究的是人口,看每个建设区有多少人口,名称可以为"Pop"(population 的简写),别名用"人口"。因为是人口,所以数据类型应该是一个整数,类型选"长整形",并且数据不能是空值,然后再点击"确定"按钮。

这样就新建了一个字段,里面现在是没有数据的。在新的工作环境和工作目录下,可能会对这样的字段依次进行数据的录入,这些数据可能是从统计局获得的,或是通过调查得到的。

设置完之后,单击"确定"按钮,结束之后界面右下方会有一个绿色的对勾,表明这个操作完成了。在界面左边目录列表"分区居住.gdb"这里点一下,再在界面上面的"内容"选项卡点一下,可见多了一个"建城区"文件。也可以在界面左边目录列表"分区居住.gdb"这里把加号+打开,看一下里面的文件列表。选中之后,再在界面上面的"预览"选项卡点一下,就可以看到文件已经被导进来了。

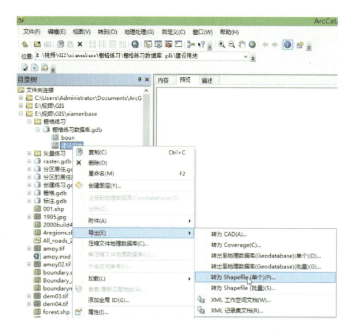

ArcCatalog 中导出文件

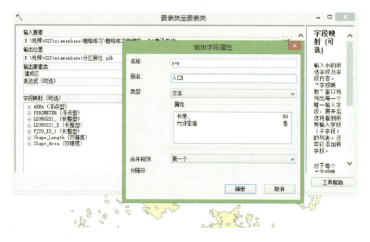

ArcCatalog 中导出文件字段的设置

第 91 节　属性表操作

　　除了可以预览文件的空间分布、空间形状之外,也可以查看它的属性表。查看方式是点击一下界面左下角"预览"两个字旁边的选项,从"地理"切换为"表",属性表就会显示出来。从这里也可以验证只有一行数据,表示文件中看似有很多的斑块,但所有的斑块都合并为一块了。所以前面把信息识别符号放到斑块上之后,点击一下就只有一个块的信息。而如果换其他的文件,如"地区 1",它也是有很多个斑块,点击其中某一个斑块后,可见其信息编号尾数是 502，再切换到其他斑块，其信息编号尾数就变成了 802，说明这个文件应该是有很多个不同的独立斑块，而不是所有多边形都合并成了一个。

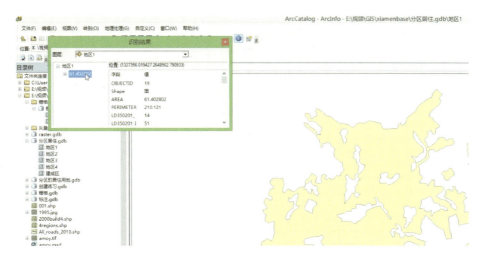

ArcCatalog 中文件信息的识别

如果对这一点还不是很清楚，还可以再验证一下，把预览中的"地理"切换为"表"，切换表之后就可以看到"地区 1"的属性表。这里可以看到属性表有很多条数据，如下图所示。

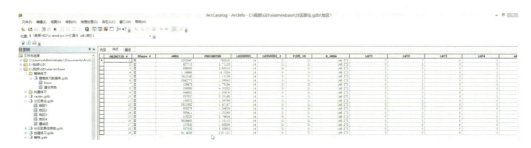

ArcCatalog 中的文件属性表

再看一下建成区，只有一条数据。

ArcCatalog 中的建成区文件属性表

ArcCatalog 也可以对数据进行管理。

在属性表里选一个字段，右键点字段，弹出下拉菜单选择"删除字段"选项，可以删除某一个不需要的字段。

在视图界面左下角"预览"两个字上方的图标 处点击一下，会弹出来一个菜单，在里面可以看到"添加字段"选项。选择该选项后,弹出"添加字段"对话框,设置名称和字段类型。

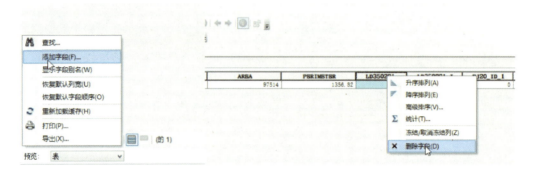

ArcCatalog 中文件属性表的字段编辑

也可以对属性表一些数据进行排序。切换回"地区1",这里有很多数据,选一列数据、点右键,弹出下拉菜单选择"升序排列",这样就可以实现对数据的重新排列,同样也可以做降序、统计、冻结等操作。

冻结的意思是如果属性表有很多列,已经超出右边边界,就会出现水平滑条。拖动水平滑条往右边拉的时候,左边的"面积"字段数据就看不到了,此时又希望同时看"面积"字段数据和后面的某一列数据,怎么办? 这时就可以在面积字段上点右键,弹出下拉菜单选"冻结"选项,再往右边拉,可以看到"面积"字段数据还在原位置保持不动,同时可以看到其他数据,这些操作和 Excel 很相似。

第 92 节　数据的符号化显示

接下来介绍一下 ArcCatalog 中数据的显示。在前面的章节中,经常在 ArcMap 里操作数据的符号化显示,而 ArcCatalog 也可以实现符号化显示。

先在界面左下角把数据的预览用"地理"的方式显示,然后切换到"栅格练习"这个文件夹,在这里新建文件。这次新建的是一个图层,在弹出的"创建新图层"对话框中将新建的图层命名为"地类"。选择"居住用地.shp"数据进来,然后点"确定"按钮。在界面上方选择"预览"选项卡,视图中出现地类的斑块,是单一颜色显示。

➤ 在左边目录列表中"地类"图层上点右键;
➤ 弹出下拉菜单选择"属性";
➤ 在"图层属性"对话框中选择"符号系统"选项卡,现在它是以单一符号显示,可以更改颜色为红色,再单击"应用"按钮,这样就对颜色进行了变更。

也可以用分级色彩,这些操作和前面章节中对 ArcMap 里的介绍是基本一致的,这里就不再赘述。

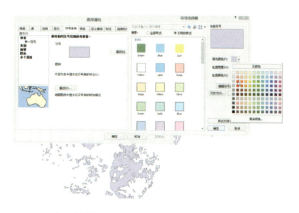

ArcCatalog 中文件符号化显示设置

第 93 节　新建图层组

新建图层组：再次选中"栅格练习"文件夹，右键点击，弹出下拉菜单选择"新建图层组"选项，给这个图层组命名为"地类数据"。接着右键点击"地类数据"，弹出下拉菜单选"属性"选项，打开"图层属性"对话框后会看到"组合"选项卡，在这个"组合"选项卡里就可以进行数据的添加。

这里要注意一下为什么要新建地类图层和地类图层组，因为地类图层是单独的一个图层，它里边只能选一个文件，就像前面操作中是选了居住用地这个文件。

如果要加入多个文件作为多个图层的时候，就要新建一个图层组，即一个图层组里可以包含多个文件。

点击"添加"按钮，这次选择多个文件时，按住键盘上的 Ctrl 键，按照需要选择多个文件就可以了，加进来后点击"应用"和"确定"按钮。

ArcCatalog 中图层组的创建

这时候就可以看到"地类数据"里在"内容"选项卡和"预览"选项卡里都有多个文件。

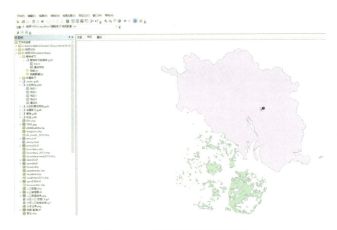

ArcCatalog 中图层组的信息浏览

第 94 节　数据的标注

本节介绍一下数据的标注。

➢ 右键点击"地类"图层；

➢ 弹出下拉菜单选择"属性"选项；

➢ 点击"标注"选项卡，在标注字段一栏选择一个字段，这里选"周长面积比"，点击"应用"按钮，由于斑块比较多，可以把字体大小改小一点，改成 10；

➢ 点击"确定"按钮，这样就对数据添加了一个标注，数据可以在每一个斑块上显示出来。

可以对局部进行放大显示，在界面上方工具条里选择放大工具，就可以看到局部的数据。

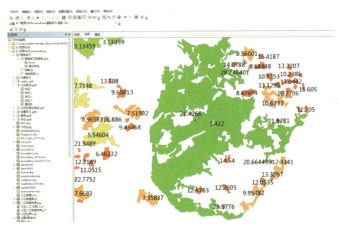

ArcCatalog 中数据的标注

如果要返回到对全局的显示,在上面工具条里面选中全图这个按钮 ⊙ 。这里涉及视图的放大、缩小、平移等操作,和 ArcMap 里面是一致的,前面章节都有详细介绍,读者多尝试就会很熟练。这里就再简要说下要点。

要查看局部细节,就用放大工具 ⊕ 把它放大。要看全图,除了选中全图按钮 ⊙ 外,也可以选择缩小工具 ⊖ 单击。查看完一个局部放大图后,可以先回到全图,再放大其他需重点观察的位置,同时也可以通过选择平移 ⬩ 工具挪动视图,会很方便。这里会涉及多次切换,对常用的前后两个视图切换,可以用前进后退这两个按钮 ⬅ ➡ 。点左边按钮,可以回到上一个视图;如果是要再向前一步,那么就点击右边按钮。

切换到"地类"图层,右键点击这个图层数据,弹出下拉菜单选择"属性"选项,在"源"选项卡里就可以看到数据的坐标信息,如投影坐标等。

在"标注"选项卡里,可以对目前已经呈现出来的所有斑块进行数据的标注。在"标注"选项卡里勾选标注要素,字段可以根据需要进行选择,本例中选面积。设置完其他项后点击"应用"按钮。

点击"应用"按钮之后,就看到视图每一个斑块旁边都多了一个数据,这个数据就是面积的大小。如果觉得这个数字太小,可以在"标注"选项卡里把数字调大一点(如 20),然后把字体调为"微软雅黑"。

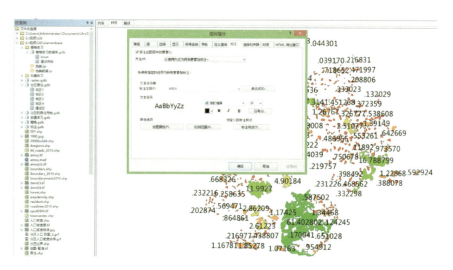

ArcCatalog 中数据标注的编辑调整

附录

参考文献

书和专著

Jensen J R, Jensen R R. 地理信息系统导论[M]. 王淑晴,孙翠羽,郑新奇,等译. 北京:电子工业出版社,2016.

Chang K T. 地理信息系统导论(原著第九版)[M]. 陈健飞,胡嘉骢,陈颖彪,译. 北京:科学出版社,2019.

龚健雅,秦昆,唐雪华,等. 地理信息系统基础(第二版)[M]. 北京:科学出版社,2019.

李建松,唐雪华. 地理信息系统原理(第二版)[M]. 武汉:武汉大学出版社,2015.

吴立新,邓浩,赵玲,等. 空间数据可视化[M]. 北京:科学出版社,2019.

张新长,辛秦川,郭泰圣,等. 地理信息系统概论[M]. 北京:高等教育出版社,2017.

黄杏元,马劲松. 地理信息系统概论(第三版)[M]. 北京:高等教育出版社,2008.

田永中,徐永进,黎明,等. 地理信息系统基础与实验教程[M]. 北京:科学出版社,2010.

邬伦. 地理信息系统:原理、方法和应用[M]. 北京:科学出版社,2005.

胡鹏,黄杏元,华一新. 地理信息系统教程[M]. 武汉:武汉大学出版社,2002.

杂　志

International Journal of Geographical Information Science

Cartography and Geographic Information

Journal of Geophysical Research-Atmospheres

地理学报

地理科学进展

测绘学报

地球信息科学学报

地理研究
地理空间信息
经济地理
城市问题
地理科学

网站

http://www.esri.com
https://learn.arcgis.com

词汇索引(英汉对照)

3S GIS, RS, GPS

Arc 弧

Artificial Intelligence(AI) 人工智能

Aspect 坡向

Attribute 属性

Binary Image 二值图像

Buffer Zone 缓冲区

Capacity 容量

Cartography 地图学

Classification 分类

Cluster Analysis 聚类分析

Cluster 聚类

Computer-Aided Design(CAD) 计算机辅助设计

Coordinate System 坐标系

Data Structure 数据结构

Datasources 数据源

Datasets 数据集

Database 数据库

Data Model 数据模型

Data Type 数据类型

Decision 决策

Digital Elevation Model(DEM) 数字高程模型

Digital Terrain Model(DTM) 数字地形模型

Distance 距离

Drag and Drop 拖放

Elevation 高程

Equator 赤道

Error Tolerance 误差容限

Error 误差

Euclidean Distance 欧氏距离

Event 地学特征

Features with Geometry 几何体要素

Feature 要素

Field 数据库中 column 的别名

Format 数据存储方式

Geocode 地理编码

Geography 地理学

Geographic Database 地理数据库

Geometrical Correction 几何纠正

Geometrical Error 几何误差

Geometrical Measurement 几何量算

Georeference 地理参考

Geospatial Data 地理数据

Global Positioning System(GPS) 全球定位系统

Graph 图

Graphical User Interface(GUI) 图形用户界面

Gravity Model 重力模型

Grid 格网

Hardware 硬件

Hub 中心

Image 图像

Interaction 相互作用

Interface 接口

Interpolation 插值

Intersect 相交

International Standard Organization(ISO) 国际标准化组织

Land Information System(LIS) 土地信息系统

Latitude 纬度

Layer 图层

LAN 局域网

Landsat 陆地影像卫星数据

Legend 图例

Linear Feature 线性特征

Log File 图幅或历史文件

Longitude 经度

Map Projection 地图投影

Macro 宏

Map Query 空间查询

Map Scale 地图比例尺

Map Section 图段

Map Units 地图单位

Menu 菜单

Meridian 经线

Model 模型

Morphology 地形表面

Mosaic 镶嵌

Network Link 网络联结

Network Node 网络节点

Node 节点/结点

Online Access 在线访问

OS(Operating System) 操作系统

Overlay Analysis 叠加分析

Parallel 纬线

Point Symbol 点状符号

Point 点

Polygon 多边形

Precision 精度

Projection 投影

Query 查询

Raster 栅格

Reclassification 重分类

Relational Model 关系模型

Remote Sensing(RS) 遥感

Resolution 分辨率

Resource 资源

Rose Graph 玫瑰图

Sampling 采样

Scale 比例尺

Selection 选择

Slope 坡度

Spatial Analysis 空间分析

Spatial Autocorrelation 空间自相关

Spatial Interpolation 空间插值

Spatial Model 空间模型

Spatial Reference 空间参照系

Spatial Resolution 空间分辨率

Survey 测量

Symbol 地图符号

Threshold 阈值

Topographic Map 地形图

Transformation 变换

Triangulated Irregular Network(TIN) 不规则三角网

Union 合并运算

Universal Transverse Mercator Projection(UTM Projection) 全球横轴墨卡托投影

Unique Values 单值

User Interface(UI) 人机交互界面

Vector 矢量

Vectorization 矢量化

Virtual Reality(VR) 虚拟现实

Visualization 可视化

Workspace 工作空间

常用图标

标准工具条
常用工具条
布局视图工具条
编辑器工具条
地理配准工具条
绘图工具条
要素构造工具条
高级编辑工具条

- 添加数据
- 放大/缩小视图
- 平移视图
- 固定比例缩小/放大视图
- 返回/前进至视图
- 全图
- 选择元素
- 放大/缩小布局视图
- 新建文本
- 注释
- 通过矩形选择要素
- 编辑工具

- 创建线条
- 直线段
- 按选择列出
- ArcToolbox
- 新建文件地理数据库
- 信息查看